U0333151

# 内蒙古自治区乌海市
# 气候资源区划

主　编　赵旭春　张洪杰
副主编　殷宁潞　杨红子　白　鑫

气象出版社
China Meteorological Press

## 内 容 简 介

本书简述了内蒙古乌海市自然环境、经济和社会发展、历史气象灾害情况，并结合气象灾害风险普查成果，使用乌海市 1961—2022 年国家级气象站及 2016—2022 年区域自动气象站的资料，以日资料为主，包括降水量、气温、雷暴日数、闪电定位、风速、风向、冰雹、相对湿度、最小能见度、降雪量、积雪深度等要素，一是对乌海市热量资源、水分资源及风能资源进行了区划，二是对乌海市 9 种气象灾害（暴雨、干旱、大风、冰雹、高温、低温、雷电、雪灾、沙尘暴）致灾因子特征进行了详细分析，给出了气象灾害的设防指标，同时根据灾害普查情况，对气象灾害出现的频率、造成的损失给予了分析。

本书体现了乌海市气候资源的分布情况，有助于乌海市政府相关部门和企业更有效地管理和利用本地的气候资源，促进区域发展和适应气候变化。

## 图书在版编目（CIP）数据

内蒙古自治区乌海市气候资源区划 / 赵旭春，张洪杰主编；殷宁潞，杨红子，白鑫副主编. -- 北京 ：气象出版社，2024. 7. -- ISBN 978-7-5029-8246-1

Ⅰ．P46

中国国家版本馆 CIP 数据核字第 20243ZN720 号

**内蒙古自治区乌海市气候资源区划**
Neimenggu Zizhiqu Wuhai Shi Qihou Ziyuan Quhua

**出版发行**：气象出版社

**地　　址**：北京市海淀区中关村南大街 46 号　　**邮政编码**：100081

**电　　话**：010-68407112（总编室）　010-68408042（发行部）

**网　　址**：http://www.qxcbs.com　　**E - m a i l**：qxcbs@cma.gov.cn

**责任编辑**：黄海燕　　　　　　　　　　**终　　审**：张　斌

**责任校对**：张硕杰　　　　　　　　　　**责任技编**：赵相宁

**封面设计**：楠竹文化

**印　　刷**：北京建宏印刷有限公司

**开　　本**：787 mm×1092 mm　1/16　　**印　　张**：9.25

**字　　数**：206 千字　　　　　　　　　　**彩　　插**：3

**版　　次**：2024 年 7 月第 1 版　　　　**印　　次**：2024 年 7 月第 1 次印刷

**定　　价**：60.00 元

# 前　言

乌海市气象观测站始建于 1960 年 10 月，11 月正式开展业务，为国家一般气象站，至 2011 年，全市只有这一个气象观测站。2005 年，乌海市气象局利用周边盟（市）气象站资料进行过区划工作。随着全球气候的变化，乌海市气候也发生了变化，异常事件的增多使得人们越来越认识到气候与生态环境、工农业生产和人民生活关系的重要性，同时对预报的精细化程度提出更高的要求。乌海市地处乌兰布和沙漠东部、库布齐沙漠南部、毛乌素沙地北部边缘，生态环境恶劣，气温高，降水少，大风多，日照长，蒸发强烈，灾害性天气频发，严重影响当地经济发展和人们生产、生活。人们对生态环境保护与改善、农牧业产业结构调整、工矿企业布局及产业结构调整、城市建设等提出了新的要求，所以准确反映乌海市气候资源分布、掌握气候资源的变化以及合理利用气候资源的工作迫在眉睫。

2011 年开始，乌海市陆续开展区域自动气象站和单雨量站建设，至 2022 年，全市建成 10 个单雨量站，9 个区域自动气象站，加上国家一般气象站，共 20 个观测站，具备了利用本地资料开展区划工作的条件；2021 年开展的第一次全国自然灾害综合风险普查工作，乌海市气象局收集整理了乌海市灾害性天气过程及气象灾害的普查数据，在此基础上开展了乌海市气候资源区划工作。此项工作是第一次全面利用现有气象资料，对乌海市的气候状况、气象要素分布情况进行的详细分析，为了解掌握气候资源分布及变化、精细化预报服务提供了支撑。

本书编写组主要由乌海市气象局预报服务技术人员组成。赵旭春、张洪杰为主编，负责大纲设计、组织编写、文稿修改和审定工作。殷宁潞、杨红子、白鑫为副主编，负责文稿设计和修改。全书共 8 章，第 1 章由张宏建、何建业执笔，第 2 章和第 3 章由张莉执笔，第 4 章和第 7 章由张洪杰执笔，5.1 节和 6.1 节由孙建睿执笔，5.2 节和 6.2 节由殷宁潞执笔，5.3 节和 6.3 节由马文迪执笔，5.4 节由薛镇执笔，5.5 节和 6.4 节由白鑫执笔，5.6 节和 6.5 节由赵雯涛执笔，5.7 节和 6.6 节由陈强执笔，5.8 节由刘婉清执笔，5.9 节由杨红子执笔，第 8 章由姜雨蒙执笔，第 2—4 章中各要素空间分布图由赵雯涛绘制。

由于编写人员水平有限，书中难免有不足和错误之处，恳请读者批评指正。

作者
2023 年 12 月

# 目　录

# 第1章　概况

## 1.1　乌海市自然环境概况

乌海市位于内蒙古自治区西部,地处黄河上游,宁夏平原与河套平原之间。地理坐标为(106°37′—107°05′E,39°15′—39°52′N),南接富饶的宁夏平原,北邻河套沃野巴彦淖尔市,东与鄂尔多斯市接壤,西与阿拉善盟相望。乌海地势东西两边高、中间低,基本地形地貌特征是"三山两谷一条河"。东部是绵延百里的桌子山,中部为甘德尔山,西部为五虎山,这些山均属贺兰山脉的北端余脉,三山呈南北走向平行排列,中间形成两条平坦的谷地。黄河沿甘德尔山西谷流经市区,阻断了乌兰布和沙漠进入河套地区。黄河流经市区105 km,平均河宽250~500 m,水深2.5~11.6 m,多年平均径流量269亿 m³。

乌海市矿产资源丰富,矿种较多,多数质量较好,分布集中,配套性较好。域内拥有煤、铁、铅、锌、铜、镍、金、银、锗、镉、电石灰岩、水泥灰岩、制碱灰岩、熔剂灰岩、耐火黏土、高岭土、水泥配料黏土、膨润土、白云岩、辉绿岩、紫砂黏土、砖瓦黏土、矿泉水等37种,矿产地82处,有探明储量的矿产25种。乌海市境内多山,山地丘陵约占总面积的2/3,植被稀疏,覆盖率小于5%。乌海市天然林资源面积30万亩[①],主要有四合木、沙冬青、霸王、白刺等天然灌木林。野生植物大部分植株矮小,但萌生力旺盛,对于防风固沙起着重要作用。

### 1.1.1　地形地貌特征

乌海市由东南向西北呈现出山地、低山丘陵、山前倾斜平原、黄河冲积滩地和风沙区五大地貌单元。山地地势高耸、峰峦叠嶂,相对高差300~600 m,基岩裸露、植被稀疏,存在严重水土流失。低山丘陵区地形起伏相对较小,相对高差20~60 m,植被稀疏,水土流失严重。山前倾斜平原分布于东、西部山前,地形自山麓向下倾斜,地面坡降1%~16%,主要由第四系洪、冲积砂砾石、砂土组成,分布面积较大,呈长条形南北延伸,地形微向黄河缓倾,近山前及沟口倾角较大,部分沟口形成冲积洪扇,植被为沙生植物,覆盖率10%~25%。黄河冲积滩地沿两岸分布,土壤肥沃、地形平坦、微向黄河倾斜,是乌海主要的农牧林生成与城市发展建设分布区。风沙区沿黄河西岸分布,主要来源为乌兰布和

---

[①] 1亩=1/15 hm²,余同。

沙漠,形成主要地貌形态有平沙地、沙丘链、新月形沙丘沙山。

乌海市内地形起伏,山地丘陵约占总面积的 2/3,南北纵列的桌子山、甘德尔山和五虎山将全市分割成了"三山夹两谷"的山水格局。黄河由南向北流经乌海中部谷地,将乌海市分成河东、河西两部分。河东有桌子山、甘德尔山,河西有贺兰山、五虎山,均呈南北走向,形成东西高、中间低的槽形地势。

### 1.1.2　气候特征

乌海市属温带大陆性气候,降水量少,日照充足,蒸发量大,无霜期较长。春季干旱少雨,大风天气多;夏季降水集中,气温较高;秋季天气晴朗,气温适宜;冬季干燥少雪,灰霾天气多。年平均降水量 158.6 mm,降水主要集中在 6—9 月,占年降水量的 74%,最大日降水量 133.9 mm,出现在 2018 年 9 月 1 日。年平均气温 9.8 ℃,极端最高气温 41.5 ℃,出现在 2021 年 7 月 9 日,极端最低气温－32.6 ℃,出现在 1971 年 1 月 22 日。年平均风速 2.6 m/s,年平均大风日数 19.4 d,南东南风最多,风向频率为 12.0%。年平均日照时数 3097.3 h。年平均沙尘日数 35.3 d,其中沙尘暴 2.2 d、扬沙 28.7 d、浮尘 4.4 d(平均数据采用 1991—2020 年 30 a 资料整编,极端值采用 1961 年建站以来气象数据)。

## 1.2　乌海市经济和社会发展概况

### 1.2.1　行政区划

乌海市成立于 1976 年,辖海勃湾、乌达、海南 3 个县级行政区,其中海勃湾区辖 1 个镇、6 个街道办事处,分别为千里山镇和新华、新华西、凤凰岭、海北、滨河、卡布其街道办事处。乌达区辖 1 个镇、7 个街道办事处,分别为乌兰淖尔镇和巴音赛、新达、五虎山、三道坎、滨海、苏海图、梁家沟街道办事处。海南区辖 3 个镇、2 个街道办事处,分别为拉僧庙镇、公乌素镇、巴音陶亥镇以及拉僧仲、西卓子山街道办事处。

### 1.2.2　人口情况

根据《乌海市 2021 年国民经济和社会发展统计公报》,2021 年年末乌海市常住总人口 55.81 万,其中城镇人口 53.51 万、乡村人口 2.30 万,常住人口城镇化率达 95.88%。

### 1.2.3　经济发展

2021 年乌海市地区生产总值 718.66 亿元,比 2020 年增长 5.1%。其中,第一产业增加值 6.55 亿元,增长 4.8%;第二产业增加值 510.94 亿元,增长 5.1%;第三产业增加值 201.17 亿元,增长 5.2%。三次产业结构为 0.9：71.1：28.0。

### 1.2.4　历史气象灾害概况

从历史灾情来看,乌海市易发生的气象灾害为暴雨洪涝、冰雹、大风、低温冷冻。

暴雨洪涝灾害、冰雹一般出现在 6—8 月,多数由强对流天气造成。暴雨洪涝可造成当地人员伤亡、农作物减产、房屋倒塌等。典型实例:2018 年 9 月 1 日,乌海市出现大暴雨,国家气象站降雨量 133.9 mm,出现暴雨洪涝灾害,共造成 3 人死亡,14013 人受灾,2890 间房屋受损,1699.6 hm² 农作物受灾(其中绝收 197.8 hm²),紧急转移安置 260 人,基础设施受损严重,直接经济损失约 12.17 亿元。

大风灾害一般出现在 4—7 月,可造成农作物倒伏、棚膜受损等。典型实例:2013 年 7 月 21 日,受大风天气影响,温室棚膜破损,部分棚架倒塌,温室作物不同程度受损,直接经济损失达 4.3 万元。

低温冷冻多发生在 4—5 月,可造成农作物受冻致死或减产等。典型实例:2014 年 4 月 24 日,乌海市出现大风沙尘、低温冷冻灾害,造成葡萄、玉米、蔬菜等农作物不同程度减产。

# 第 2 章　热量资源区划

　　热量资源是决定农作物熟制类型的基础,对农作物生长发育至关重要,它不仅直接影响作物、牧草的生长、发育和产量,也是进行生化反应的重要能源。

　　热量条件是一切植物生长必需的环境因素之一,是气候的主要特征。温度的高低、积温的多少及其变化规律,是一个地区热量资源的主要标志。热量对于农作物品种的引进、推广具有一定的限定作用,因此,研究热量资源的分布情况和时空变化特征对合理安排作物引种、编制气候区划等方面具有重要的现实意义。

## 2.1　气温

### 2.1.1　时间特征

#### 2.1.1.1　年际特征

　　1961—2022 年乌海市年平均气温为 9.7 ℃,是内蒙古自治区气温较高的地区之一。由图 2.1 可知,乌海市平均气温年际变化大,整体呈波动上升趋势,其中 1998 年平均气温为 11.9 ℃,为 62 a 来平均气温的最高值,最低平均气温出现在 1967 年,为 8.1 ℃。

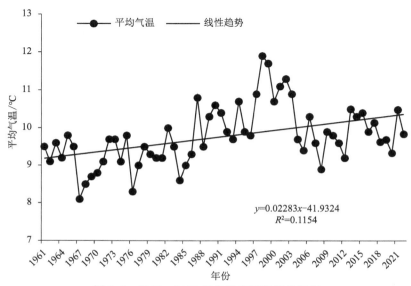

图 2.1　1961—2022 年乌海市逐年平均气温

以 1991—2020 年为温度距平基线计算表明,乌海市年平均气温的变化具有明显的阶段性:1986 年前主要为负距平,1987—2003 年主要为正距平,尤其 1997—2003 年距平达 0.9～2.1 ℃,2003—2022 年距平表现为正、负波动(图 2.2)。

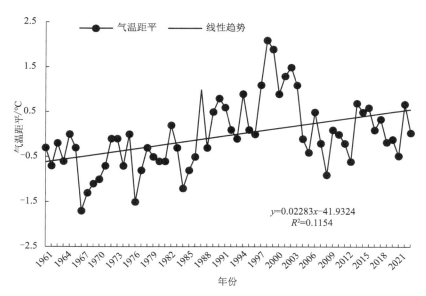

$$y=0.02283x-41.9324$$
$$R^2=0.1154$$

图 2.2　1961—2022 年乌海市逐年气温距平(距平基线:1991—2020 年)

### 2.1.1.2　月际特征

1961—2022 年,乌海市平均气温有明显的季节变化(图 2.3):春季平均气温为 11.6 ℃;夏季为 24.6 ℃,其中 7 月最高,约为 26.0 ℃;秋季为 9.5 ℃;冬季为 −6.7 ℃,1 月平均气温约为 −8.8 ℃,为各月最低。春季平均气温高于秋季,春季气温剧升,秋季气温剧降;冬季寒长,夏季短热,气温变化剧烈。

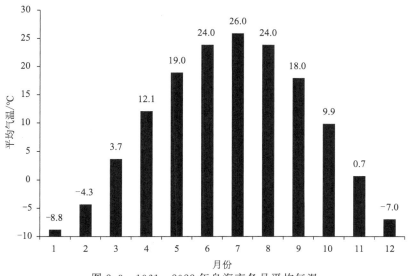

图 2.3　1961—2022 年乌海市各月平均气温

### 2.1.2 空间特征

1961—2022 年,乌海市平均气温表现为两头低、中间高的空间分布特征(图 2.4),平均气温大值中心主要位于海勃湾滨河区和海南区北部,海南区超限检查站和滨河站平均气温分别为 11.2 ℃和 11 ℃;低值中心主要位于飞机场和海南区南部,海南区巴音陶亥和机场站平均气温分别为 9.8 ℃和 9.9 ℃。

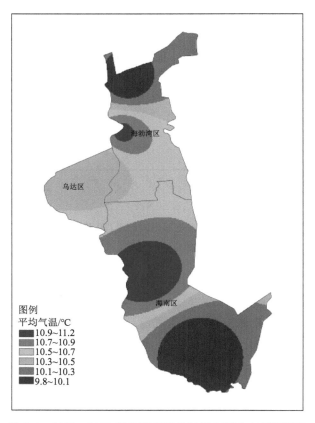

图 2.4　1961—2022 年乌海市平均气温空间分布(附彩图)

## 2.2　积温

由于不同作物或同一作物在不同发育期都要求一定的适宜温度条件,而日平均气温通过 0 ℃、5 ℃、10 ℃有明确的农业意义,故本次气候区划采用 0 ℃、5 ℃、10 ℃作为界限温度。日平均气温在一年中第一次通过一定界限温度的日期称为该界限温度的起始日,最后一次通过该界限温度的日期称为终止日。利用 5 日滑动平均确定的某一界限温度的起始、终止日为稳定通过该界限温度的起始、终止日。以某一界限温度的起始日到终止日的逐日平均气温的累积之和称为该界限温度的积温。因植物生长需要一定热量，在植物生长期间超过一定温度值的温度总和，就可以直接支配植物的生长，因此，本区划采用积温来描述乌海地区的热量资源。

春季日平均气温通过 0 ℃时，土壤开始解冻，牧草开始萌动，是植物生命活动的起点温度。秋季日平均气温稳定终止 0 ℃时，土壤开始冻结，农作物及牧草停止生命活动，因此，气温稳定通过 0 ℃的初终日、持续日数和积温，可以作为衡量农耕期长短和反映一个地区作物利用的总的热量状况指标。

春季日平均气温稳定通过 5 ℃时，牧草开始返青生长，耐寒作物开始播种，因此，5 ℃活动积温可以作为牧草生长的积温指标。

日平均气温稳定通过 10 ℃的初终日、持续日数和积温，是鉴定各种农作物在本地区种植情况的重要热量指标。

## 2.2.1 时间特征

1961—2022 年乌海市日平均气温稳定通过 0 ℃、5 ℃、10 ℃的初终日、持续日数与积温见表 2.1。

表 2.1 1961—2022 年乌海市日平均气温通过各界限温度初终日、持续日数与积温

|  | 0 ℃ | 5 ℃ | 10 ℃ |
| --- | --- | --- | --- |
| 初日 | 3 月 9 日 | 3 月 29 日 | 4 月 15 日 |
| 终日 | 11 月 14 日 | 10 月 27 日 | 10 月 10 日 |
| 持续日数/d | 251 | 213 | 179 |
| 积温/(℃·d) | 4240 | 4076 | 3757 |

1961—2022 年乌海市稳定通过界限温度的积温初日整体呈提前趋势，稳定通过 5 ℃的变幅最大，牧草返青提前；稳定通过界限温度的积温终日几乎不变或略有推迟趋势，稳定通过 0 ℃积温终日推迟最明显，土壤冻结推迟。

从 1961 年以来稳定通过界限温度积温变化的距平分布（图 2.5—图 2.7）可见，气候变暖对乌海市积温变化有显著影响，积温明显增加，2000 年以来积温距平基本为正。

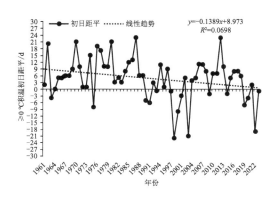
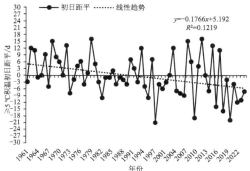

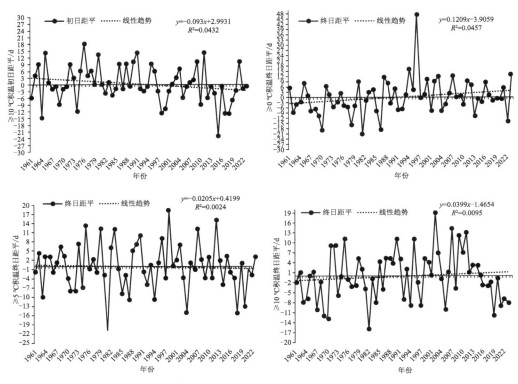

图 2.5　1961—2022 年乌海市稳定通过界限温度(0 ℃、5 ℃、10 ℃)初、终日距平

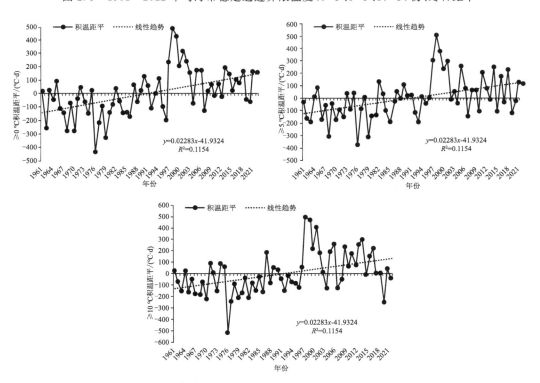

图 2.6　1961—2022 年乌海市稳定通过界限温度(0 ℃、5 ℃、10 ℃)积温距平

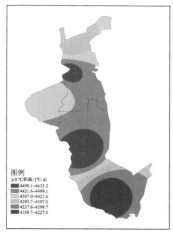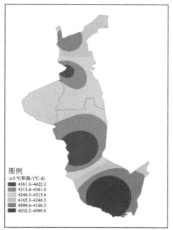

图 2.7　2016—2022 年乌海市稳定通过界限温度（≥0 ℃、≥5 ℃、≥10 ℃）积温空间分布（附彩图）

## 2.2.2　空间特征

乌海市稳定通过 0 ℃和 5 ℃的积温呈南北低、中间高分布,海勃湾滨河区和海南区北部存在大值中心;稳定通过 10 ℃的积温自北向南递减,不同农业界限温度（0 ℃、5 ℃、10 ℃）的积温在海勃湾区和海南区相差 187～152 ℃·d。

# 2.3　初终霜与无霜期

无霜期是指春季终霜结束后至秋季初霜出现之前的持续日数。它是与作物生长紧密联系的另一个热量标志,霜冻的迟早和无霜期的长短对作物生长发育有直接的影响。不同的作物由于抗寒性不同,耐低温的能力也不同,因此,受害的程度也不一样。

乌海市的热量资源相当丰富,特别是春季气温回升迅速,有利于作物的播种,为蔬菜早育苗、早上市提供了有利的基础条件。

1961—2022 年 62 a 初霜日最早在 9 月 8 日出现,最晚在 10 月 24 日出现,平均初霜日为 10 月 6 日;终霜日最早在 3 月 24 日结束,最晚在 5 月 22 日结束,平均终霜日为 4 月 29 日。平均无霜期为 161 d,最长可达 193 d,最短 124 d。平均初、终霜日及无霜期见表 2.2。

表 2.2　1961—2022 年乌海市平均初、终霜日及无霜期

| 初霜日 | 终霜日 | 无霜期/d |
| --- | --- | --- |
| 10 月 6 日 | 4 月 29 日 | 161 |

## 2.4 极端气温与日较差

### 2.4.1 极端气温

极端气温是用来衡量和比较各地区冷暖程度的重要参数。乌海市自有气象观测记录以来(1961—2022 年),日极端最高气温为 41.5 ℃,出现在 2021 年 7 月 9 日。62 a 来,≥40 ℃极端高温事件共出现 8 次,均在 7 月,见表 2.3。日极端最低气温为 −32.6 ℃,出现在 1971 年 1 月 22 日。

表 2.3　1961—2022 年乌海市≥40 ℃极端高温事件

| 日期 | 气温/℃ |
| --- | --- |
| 2021 年 7 月 9 日 | 41.5 |
| 2017 年 7 月 12 日 | 41.1 |
| 2010 年 7 月 29 日 | 41.0 |
| 2021 年 7 月 30 日 | 40.5 |
| 1997 年 7 月 28 日 | 40.2 |
| 2022 年 7 月 7 日 | 40.2 |
| 2017 年 7 月 11 日 | 40.1 |
| 2021 年 7 月 10 日 | 40.0 |

由历年各月极端最高、最低气温可见,最高气温出现在 7 月,4—10 月均有 30 ℃以上高温天气出现;极端最低气温出现在 1 月,除夏季(6—8 月)以外,极端最低气温均在 0 ℃以下(图 2.8、图 2.9)。

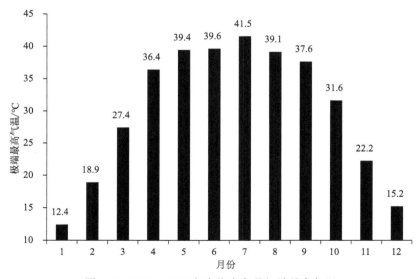

图 2.8　1961—2022 年乌海市各月极端最高气温

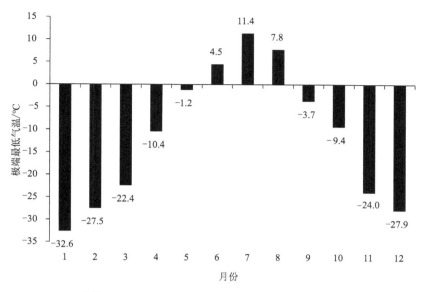

图 2.9　1961—2022 年乌海市各月极端最低气温

## 2.4.2　气温日较差

气温日较差指日最高气温与当日最低气温的差值。乌海市各月平均气温日较差见图 2.10,4 月平均气温日较差最大,8 月最小。乌海市各季平均气温日较差见图 2.11,春季平均气温日较差最大,达 14.00 ℃,夏季最小,为 12.73 ℃。

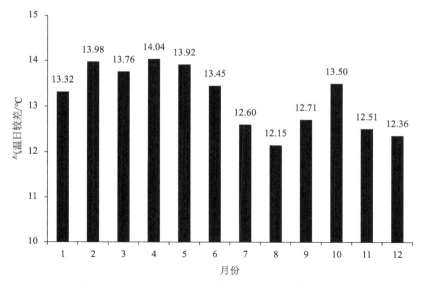

图 2.10　1961—2022 年乌海市各月平均气温日较差

11

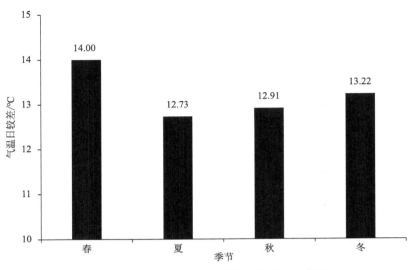

图 2.11　1961—2022 年乌海市四季气温日较差

## 2.5　地面温度

　　1961—2022 年乌海市平均地面温度为 12.3 ℃,地面极端最高温度为 66.5 ℃,极端最低温度为－26.2 ℃。由历年各月平均地面温度(图 2.12)可见,7 月平均地面温度最高,1 月最低,季节变化特征明显。各月极端最高、最低地面温度见图 2.13 和图 2.14,极端最高地面温度出现在 7 月,5—8 月均有地面温度超过 60 ℃ 的情况;极端最低地面温度出现在 1 月,除 6—9 月外,其他月极端最低地面温度均在 0 ℃ 以下。

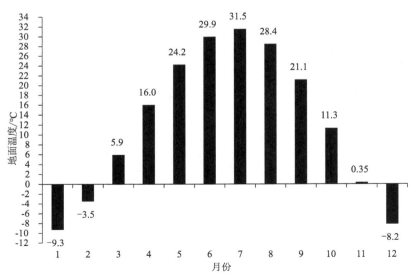

图 2.12　1961—2022 年乌海市各月平均地面温度

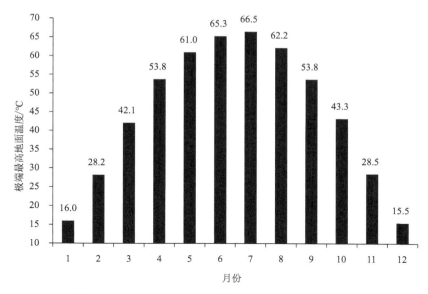

图 2.13　1961—2022 年乌海市各月极端最高地面温度

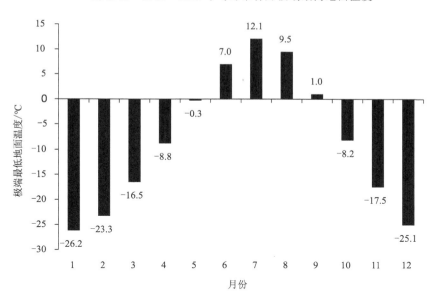

图 2.14　1961—2022 年乌海市各月极端最低地面温度

# 2.6　冻土

冻土是指含有水分的土壤因温度下降到 0 ℃ 或以下时而呈冻结的状态。1961—2022 年乌海市逐年最大冻土深度见图 2.15,60 余年中最大冻土深度为 178 cm,出现在 1968 年 3 月。

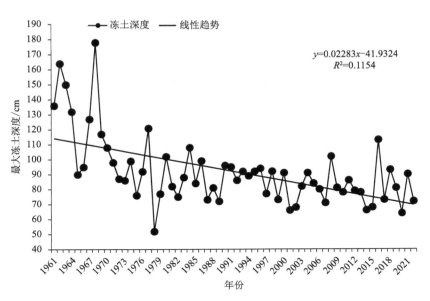

图 2.15　1961—2022 年乌海市逐年最大冻土深度

　　最大冻土深度的变化反映了气候在逐渐变暖,从 20 世纪 60 年代到 21 世纪 20 年代,最大冻土深度由 178 cm 降至 90 cm。

# 第 3 章　水分资源区划

　　水是绿色植物生长发育所必需的基本因子。乌海市是内蒙古自治区降水较少的地区之一。1961—2022 年(62 a)平均年降水量为 156.5 mm。年最大降水量为 357.6 mm，出现在 1967 年。年最小降水量为 54.9 mm，出现在 1965 年。一日最大降水量为 133.9 mm，出现在 2018 年 9 月 1 日。

## 3.1　降水量

### 3.1.1　年降水量分布特征

　　1961—2022 年乌海市年降水量呈波动变化，降水偏少年数为 35 a，其中 1965 年最为显著，偏少 102.5 mm；1966 年次之，偏少 98.9 mm(图 3.1)。降水偏多年数为 27 a，其中 1967 年偏多最为明显，降水量偏多 200.2 mm；1979 年次之，偏多 107.0 mm。降水振荡最强的时段为 20 世纪 60 年代末及 2010 年至今，这两个时期内降水距平振幅较大，旱涝年交替出现，且出现最明显的降水异常。

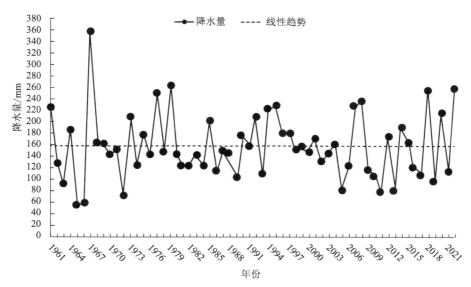

图 3.1　1961—2022 年乌海市逐年降水量

### 3.1.2 各月和各季平均降水量分布特征

1961—2022年乌海市各月平均降水量分布见图3.2,8月最多,7月次之,降水主要集中在7—8月,12月降水最少,只有1.0 mm。农作物生长期(4—9月)的降水量占全年降水量的88%,其中7—8月占全年的48%。各季节平均降水量见图3.3,秋季降水量占全年的22%;春季占全年的15%;冬季最少,仅占全年的3%。

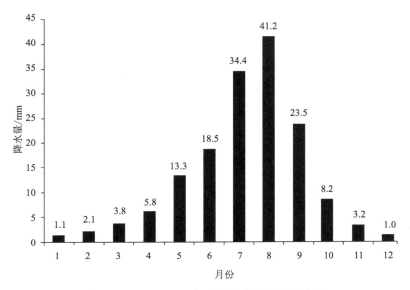

图3.2 1961—2022年乌海市各月平均降水量

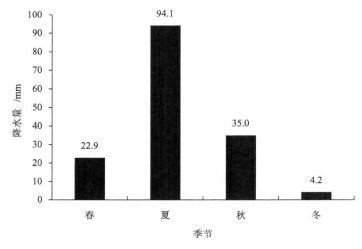

图3.3 1961—2022年乌海市各季平均降水量

### 3.1.3　降水量空间分布特征

由于乌海市区域自动气象站建站较晚，且降水观测只在每年 4—10 月进行，故采用 2016—2022 年 4—10 月的降水量来分析乌海市降水量的空间分布。将每年 4—10 月的总降水量进行平均，得出乌海市各站的平均降水量，绘制各站平均降水量的色斑图，得出乌海市降水量空间分布（图 3.4）。从图中可知，乌海市降水量自南向北递增，海南区各站的平均降水量均在 150 mm 以上，最大降水量出现在海南区区政府，为182.6 mm。

图 3.4　2016—2022 年 4—10 月乌海市降水量空间分布（附彩图）

## 3.2　蒸发量

由于乌海市国家气象观测站蒸发量的观测时间为 1966—2013 年，2014 年停止蒸发量观测，故使用 1966—2013 年的数据进行统计。将 1966—2013 年乌海市逐年的总蒸发量进行平均，得出乌海市年平均蒸发量为 3106.7 mm；将各月的总蒸发量进行平均，得出各月的平均蒸发量;将各季的总蒸发量进行平均,得出各季的平均蒸发量。

乌海市太阳辐射强,气温高,风速大,使得蒸发量较大。但从历年蒸发量(图 3.5)来看,年蒸发量逐年递减;从各月平均蒸发量(图 3.6)来看,6 月蒸发量最多,为 508.7 mm,1 月最少,为 40.3 mm;从各季平均蒸发量(图 3.7)来看,夏季蒸发量最多,春季次之,冬季最少。

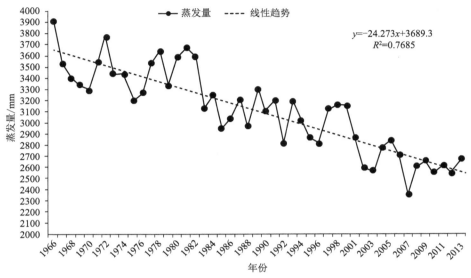

图 3.5　1966—2013 年乌海市逐年蒸发量

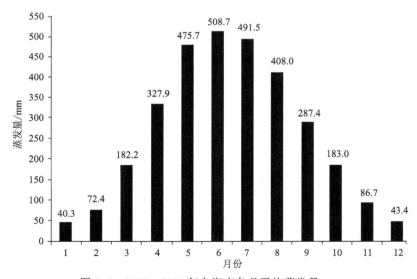

图 3.6　1966—2013 年乌海市各月平均蒸发量

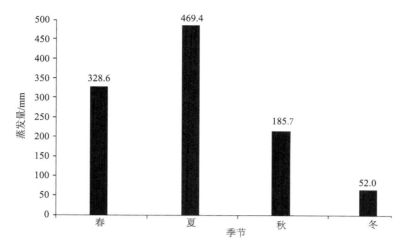

图 3.7　1961—2013 年乌海市各季平均蒸发量

# 第4章 风能资源区划

## 4.1 风速

### 4.1.1 平均风速空间分布特征

2016—2022年乌海市平均风速空间分布见图 4.1,总体表现为南部大、北部小的空间分布特征,平均风速的大值中心位于海南区巴音陶亥镇测站和乌达区乌兰淖尔镇测站,分别为 4.1 m/s 和 3.8 m/s;低值中心主要位于海勃湾区滨河测站,为 1.5 m/s。

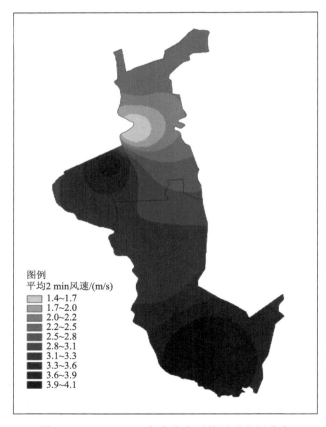

图 4.1  2016—2022 年乌海市平均风速空间分布

### 4.1.2 极大风速空间分布特征

2016—2022 年乌海市极大风速空间分布特征与平均风速相似（图 4.2），均为南部大、北部小。海南区极大风速最大值位于海南区超限检查站测站，为 29.3 m/s；最小值位于海勃湾区滨河站，为 18.5 m/s。

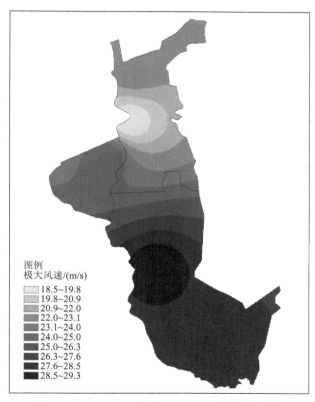

图 4.2　2016—2022 年乌海市极大风速空间分布

## 4.2　年大风日数

2016—2022 年乌海市年平均大风日数分布特征与极大风速相似（图 4.3），表现为南部多、北部少。年平均大风日数最多为 58 d，出现在海南区超限检查站测站；最少为 2 d，出现在海勃湾区滨河站。

## 4.3　风向

2016—2022 年乌海市风向玫瑰图见图 4.4，年最多风向为南东南（SSE），频率为 10%，次多风向为东南（SE）。

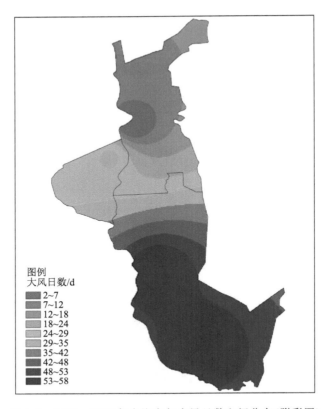

图 4.3　2016—2022 年乌海市年大风日数空间分布(附彩图)

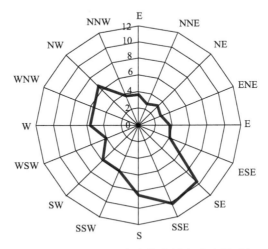

图 4.4　1961—2022 年乌海市风向玫瑰图(%)

　　利用 2016—2022 年乌海市区域自动气象站风向数据统计风向,发现海勃湾区滨河站年最多风向为西,频率为 13%;乌达区乌兰淖尔镇年最多风向为南,频率为 19%;海南区巴音陶亥镇年最多风向为东,频率为 13%。

# 第5章 气象灾害时空分布特征

## 5.1 暴雨

虽然乌海市暴雨发生的频率不高,但因短时暴雨造成的损害严重。本节利用1961—2020年乌海市逐日降水量资料,分析乌海市年暴雨日数和频次、年最大日降水量、暴雨重现期、暴雨过程特征等。

### 5.1.1 雨季降水量

1961—2020年乌海市雨季(6—9月)降水量介于31.6 mm(1965年)和278.6 mm(1967年)之间。60 a来,乌海市雨季降水量呈略减少的趋势,平均每10 a减少1.3 mm(图5.1)。

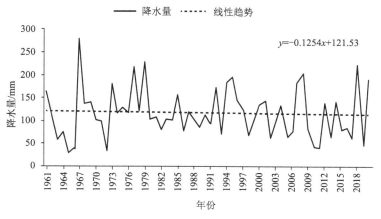

图5.1 1961—2020年乌海市历年雨季(6—9月)降水量

### 5.1.2 月最大降水量

1961—2020年乌海市月最大降水量(图5.2)最大值出现在8月,为184.3 mm,其次是9月,为151.2 mm。6—9月最大值均超过100 mm,10月—次年4月最大降水量均不足40 mm。

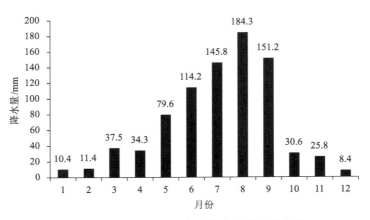

图 5.2　1961—2020 年乌海市各月最大降水量

### 5.1.3　年暴雨日数

1961—2020 年乌海市年暴雨日数和频次见图 5.3,从图中可以看出,60 a 来乌海市有 52 a 未出现暴雨,占 86.7%;年暴雨日数为 1 d 的有 8 a,仅占 13.3%;历年没有发生暴雨日数为 2 d 或以上的情况。

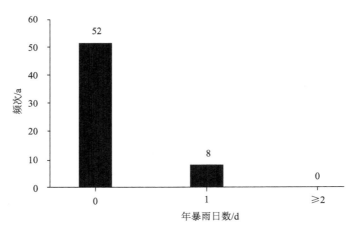

图 5.3　1961—2020 年乌海市年暴雨日数和频次分布

### 5.1.4　年最大日降水量

1961—2020 年乌海市年最大日降水量介于 6.7 mm(1966 年 8 月 15 日)和 133.9 mm(2018 年 9 月 1 日)之间,其中 2018 年和 1967 年最大日降水量超过 100 mm,达到大暴雨级别(图 5.4)。

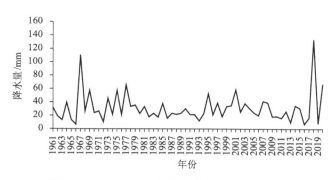

图 5.4　1961—2020 年乌海市年最大日降水量

## 5.1.5　暴雨过程

　　1961—2020 年乌海市共发生 8 次暴雨过程,分别在 1967 年、1969 年、1975 年、1977 年、1995 年、2001 年、2018 年和 2020 年。从最大过程降水量来看,有 2 次大暴雨过程 (2018 年 9 月 1 日、1967 年 8 月 25 日)、6 次暴雨过程。

# 5.2　干旱

　　乌海市地处大陆深处,属于典型的大陆性气候,降水少,气温高,大风多,日照长,干旱严重。其干旱过程等级以一般为主,降水量偏少、气温偏高是导致干旱出现的主要原因。乌海市四季分明,冬长寒冷,夏短炎热。其气候特点也使得干旱成为农牧业生产的灾害之一。

## 5.2.1　历次气象干旱过程特征

　　1961—2020 年乌海市共出现气象干旱过程 34 次,年干旱过程发生 0~3(2005 年)次(图 5.5),过程持续日数为 17~182(2011 年)d,过程最长连续无降水日数为 3(1961 年)~52(1978 年)d。过程强度等级以一般过程为主,共发生 14 次,占总次数的 41%;特强、强、较强干旱过程分别发生 10 次、4 次、6 次,分别占总次数的 29%、12%、18%。

　　分析干旱过程降水量,多数干旱过程在结束前至少经历过一次明显的降水过程;部分干旱过程由于干旱强度轻,较小的降水过程即使旱情有所缓解。从各次过程降水距平百分率(图 5.6)来看,只有 1 次干旱过程降水距平百分率为正,其余 33 次干旱过程的降水距平百分率均为负。分析干旱过程平均气温变化,发现绝大多数较常年同期偏高,平均气温距平大于 0 ℃(图 5.7)。可见降水量偏少、气温偏高是导致干旱出现的主要原因。

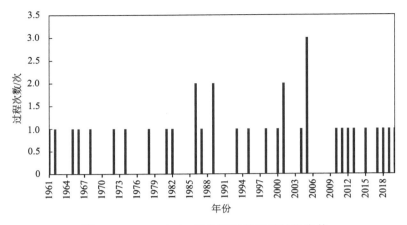

图 5.5　1961—2020 年乌海市年干旱过程次数

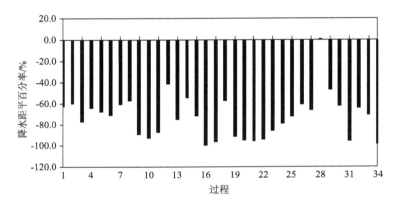

图 5.6　1961—2020 年乌海市历次干旱过程降水距平百分率

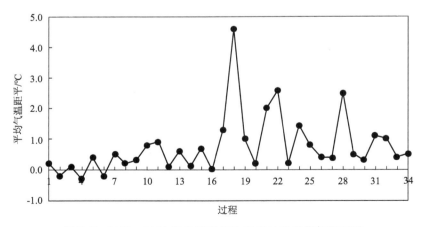

图 5.7　1961—2020 年乌海市历次干旱过程平均气温距平

　　分析历次过程发生时间发现，开始时间主要集中在 4—9 月，总体上以 4 月开始居

多,占 32.4%;其次为 7 月,占 20.6%;结束时间主要集中在 5—10 月,总体上以 5 月和
7 月结束居多,占 23.5%,其次为 10 月,占 17.6%。春旱共发生 10 次,占总过程次数的
29.4%;夏旱共发生 6 次,占总过程次数的 17.6%;秋旱共发生 1 次,占 2.9%;春夏连旱
和夏秋连旱均发生 8 次,各占总过程次数的 23.5%;春夏秋连旱共发生 1 次,占总过程次
数的 2.9%。

## 5.2.2 年度气象干旱特征

从年度气象干旱特征(图 5.8)来看,轻旱日数平均每年出现 54 d,最多年份出现在
1966 年(101 d);中旱日数平均每年出现 10 d,最多年份出现在 1965 年(63 d);重旱日数
平均每年出现 5 d,最多年份出现在 2011 年(54 d);特旱日数平均每年出现 1 d,最多年份
出现在 2011 年(14 d)。干旱过程发生频率为 1.0 次/a,其中弱干旱过程 0.4 次/a、较强
干旱过程 0.2 次/a、强干旱过程 0.1 次/a、特强干旱过程 0.3 次/a。

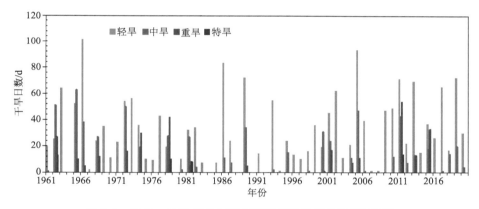

图 5.8 1961—2020 年乌海市历年各等级干旱日数(附彩图)

分析年最长连续干旱日数历年变化(图 5.9)发现,最长连续干旱日数为 0~182
(2011 年)d,干旱日数总体呈波动变化趋势。其中,1965、1966、1972、2011 年干旱日数
100~200 d;1962、1963、1968、1974、1978、1981、1989、2000、2005、2010、2015、2019 年干
旱日数 50~100 d。2011 年干旱日数最多,为 182 d;1994、2007、2008 年干旱日数最少,
为 1 d;1964、1979、1984、1988、1990、1992 年未出现干旱。

分析年轻旱日数特征发现,1966、1986、2005 年轻旱日数在 80 d 以上,1963、1989、
2002、2011、2013、2017 年轻旱日数在 60~80 d。1966 年轻旱日数最多,为 101 d;1994、
2007、2008 年轻旱日数最少,为 1 d;有 6 a 无轻旱。1963、1967、1969—1971、1973、
1975—1977、1983、1985、1991、1994、1996、1997、1999、2002、2003、2007—2009、2014、
2016 年轻旱占比最大,均为 100%;1978 年最小,为 19.2%。

分析年中旱日数特征发现,1965 年中旱日数最多,为 79 d;1962、1972、2005、2011 年
中旱日数 40~60 d;1961、1998、2006、2017 年中旱日数最少,仅为 1 d;有 29 a 未出现
中旱。1965 年中旱占比最大,为 50.4%;2017 年最小,为 1.5%。

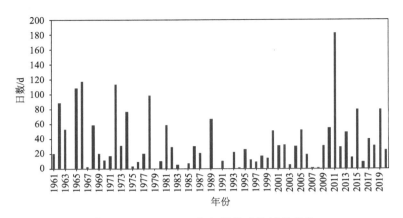

图 5.9　1961—2020 年年最长连续干旱日数

分析年重旱日数特征发现,1978、2011 年重旱日数均在 40 d 以上;1962、1974、2015 年重旱日数在 20~40 d。2011 年重旱日数最多,为 54 d;2000 年重旱日数最少,仅为 1 d;有 44 a 未出现重旱。1989 年重旱占比最大,为 29.7%;2000 年最小,为 2%。

分析年特旱日数特征发现,1961—2020 年只有 4 a 出现特旱,1962、1978、2011 年特旱日数在 10 d 以上。

### 5.2.3　历史气象干旱灾情及过程分析

1978—2020 年,乌海市历史气象干旱灾害共出现 7 次,分别出现在 2004、2005、2010、2011、2012 年。其中,2004、2005、2012 年仅有海南区出现旱灾,2010 年海勃湾区和乌达区均出现了旱灾,2011 年乌达区和海南区均出现了旱灾。

最为严重的一次干旱过程出现在 2011 年 4 月 13 日—10 月 11 日,乌海市连续 182 d 出现干旱,期间发生特旱,干旱过程降水量为 44.4 mm,降水距平百分率为 −66%,区域干旱过程强度为 17.1,等级为特强,相对湿润度指数达 −0.9。

这 7 次干旱过程共造成约 4.4 万人受灾,农作物受灾 6243.5 hm²,受灾牲畜 5.35 万头(只),直接经济损失(农业经济损失)1639.7 万元,主要受灾农作物为小麦、玉米。

## 5.3　大风

乌海市极大风速没有明显的年代际变化特征,春季风速较大,夏季雷暴大风较多。大风类型包括冷空气(寒潮)大风、雷暴大风、沙尘暴大风,以冷空气(寒潮)大风为主,极大风速和大风日数都高于其他类型的大风。从大风灾害危险等级来看,乌海市大部为较低等级。

### 5.3.1　极大风速年际变化特征

从 1980—2020 年乌海市极大风速年最大值的年际变化特征（图 5.10）来看，乌海市极大风速年最大值为 19.2～33.0 m/s，没有明显的年代际变化特征，其中 1980 年极大风速最大，为 33.0 m/s。

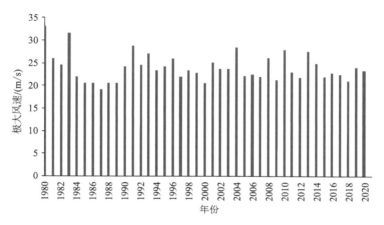

图 5.10　1980—2020 年乌海市极大风速年最大值

### 5.3.2　大风日数年际变化特征

从 8 级以上大风（风速≥17.2 m/s）日数年际变化特征来看，1980—2020 年乌海市 8 级以上大风日数呈先增加再减小的趋势，大风日数增加明显的两个年份是 1990 年和 2004 年，其中 1990 年大风日数最多，为 64 d，其次是 2004 年，为 46 d；大风日数最少的年份是 2000 年和 2014 年，均为 6 d（图 5.11）。

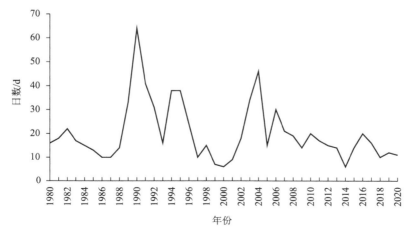

图 5.11　1980—2020 年乌海市 8 级以上大风日数

从 10 级以上大风(风速≥24.5 m/s)日数年际变化特征来看,1980—2020 年乌海市 10 级大风日数 2004 年最多,为 7 d,其次是 1980 年,为 5 d(图 5.12)。

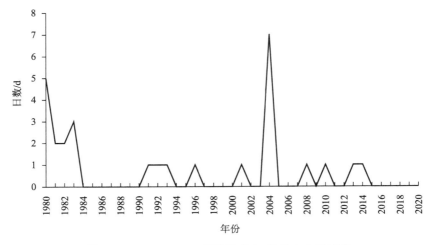

图 5.12    1980—2020 年乌海市 10 级以上大风日数

### 5.3.3    不同种类大风基本特征

将乌海市大风类型分为冷空气(寒潮)大风、雷暴大风、沙尘暴大风、其他(图 5.13)。累积大风日数最多的是冷空气(寒潮)类大风,总计达到 594 d,其极大风速极值也高于其他类型大风,达 28 m/s,年大风日数平均为 9.9 d,也高于其他类型大风。累积大风日数第二多的为沙尘暴大风,总计达到 351 d,其极大风速极值达到 24 m/s,年大风日数平均为 5.9 d。累积大风日数最少的大风类型是雷暴大风,总计为 15 d,其极大风速极值为 19.6 m/s,年大风日数平均为 0.3 d。其他类型大风日数总计 125 d,极大风速极值为 19.7 m/s,年大风日数平均为 2.1 d。

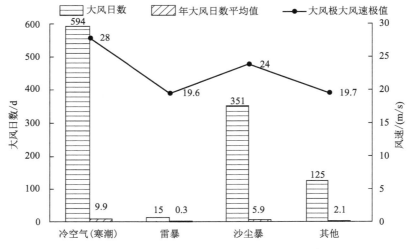

图 5.13    1961—2020 年乌海市不同种类大风基本特征

### 5.3.4　大风日数和极大风速最大值重现期

图 5.14 和图 5.15 分别为 1991—2020 年乌海市大风日数年最大值重现期和极大风速最大值重现期特征图。分析大风日数年最大值重现期特征图发现,重现期为 5 a 的年大风日数是 24 d,重现期为 10 a 的年大风日数是 30 d,重现期为 20 a 的年大风日数是 35 d,重现期为 50 a 的年大风日数是 42 d。

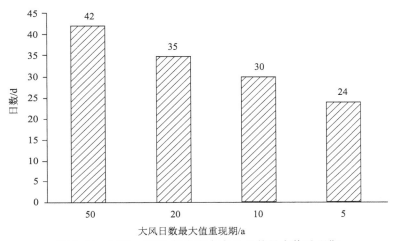

图 5.14　1991—2020 年乌海市大风日数最大值重现期

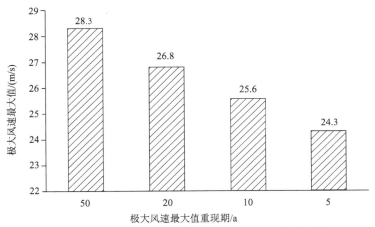

图 5.15　1991—2020 年乌海市极大风速最大值重现期

分析极大风速最大值重现期特征图发现,重现期为 5 a 的年极大风速是 24.3 m/s,重现期为 10 a 的极大风速是 25.6 m/s,重现期为 20 a 的极大风速是 26.8 m/s,重现期为 50 a 的极大风速是 28.3 m/s。

### 5.3.5　大风日数占比

各季大风日数占比＝各季大风日数/年大风日数;全年大风日数占比＝年大风日

数/365。

通过分析发现,乌海市春季风速较大,极大风速达到 17.2 m/s(8级)和 24.5 m/s(10级)的大风都集中在春季;夏季雷暴大风较多,8级和10级大风的占比也比较大;8级大风在秋季和冬季的占比大致相同,但秋季未出现10级及以上大风,冬季10级及以上大风与8级占比大致相同(图5.16—图5.17)。

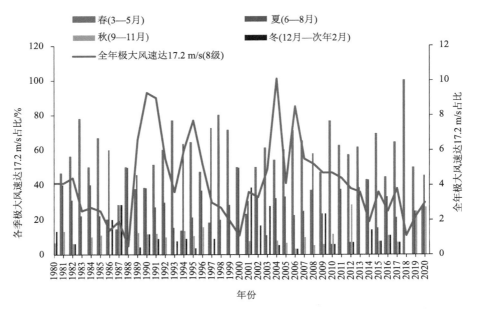

图 5.16 1980—2020 年乌海市各季和全年 17.2 m/s 以上大风日数占比(附彩图)

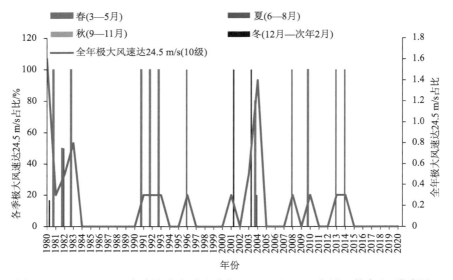

图 5.17 1980—2020 年乌海市各季和全年 24.5 m/s 以上大风日数占比(附彩图)

从极大风速年占比情况来看,1990年和2004年极大风速占比较高,8级及以上大风日数占比分别为 9.3% 和 10.1%,10级及以上大风日数占比分别为 1.6% 和 1.4%。

## 5.4 冰雹

1978—2020 年乌海市冰雹发生次数呈减少趋势,主要发生在 7 月和 8 月,常出现在 16—18 时,历史最长持续时间为 20 min。

### 5.4.1 冰雹年际变化

1978—2020 年乌海市冰雹年平均日数为 0.7 d。年最多降雹日数为 3 d。2014—2016 年连续 3 a 无冰雹灾害发生。由图 5.18 可以看出,2004—2020 年乌海市冰雹日数呈减少趋势。

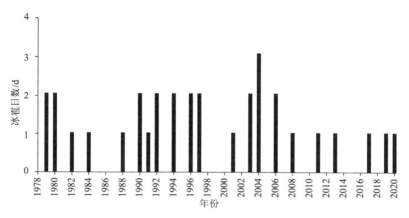

图 5.18　1978—2020 年乌海市冰雹日数年际变化

### 5.4.2 冰雹月际变化

1978—2020 年乌海市冰雹月际分布见图 5.19,冰雹主要出现在 7 月和 8 月。

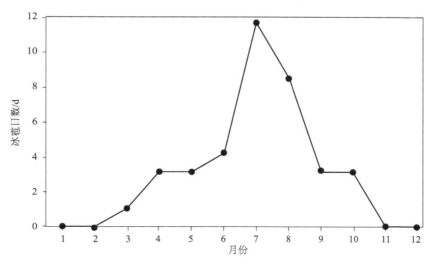

图 5.19　1978—2020 年乌海市冰雹日数月际变化

### 5.4.3 冰雹日变化

1978—2020 年乌海市冰雹灾害日变化见图 5.20,冰雹灾害发生时段主要集中在 16—18 时,17 时出现冰雹事件的日数最多。

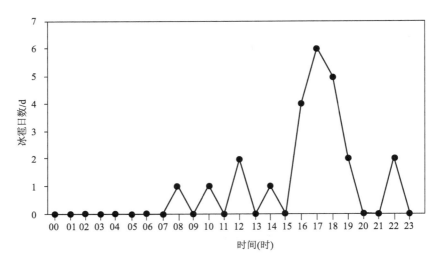

图 5.20　1978—2020 年乌海市冰雹灾害日变化

### 5.4.4 冰雹直径变化

1978—2020 年乌海市逐年最大冰雹直径分布见图 5.21,最大冰雹直径为 30 mm,出现在 2003 年。

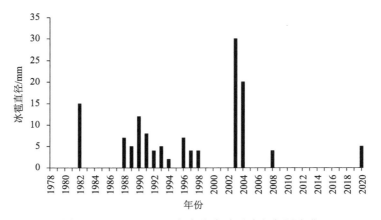

图 5.21　1978—2020 年乌海市冰雹直径年际变化

### 5.4.5 冰雹持续时间

1978—2020 年乌海市冰雹最长持续时间呈波动变化(图 5.22),2004 年单次过程持续时间最长,为 20 min。

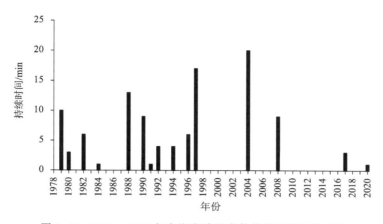

图 5.22　1978—2020 年乌海市冰雹事件持续时间年际变化

# 5.5　高温

乌海市高温过程较多,强度较强,高温灾害影响较大,灾情数据条数较少。

## 5.5.1　年际变化特征

### 5.5.1.1　平均最高气温

1962—2020 年乌海市年平均最高气温整体呈波动升高的趋势(图 5.23),线性升高速率约为 0.32 ℃/(10 a);年际波动较大,极大值出现在 1998 年,为 18.3 ℃,极小值出现在 1967 年,为 14.8 ℃,相差 3.5 ℃。与 1962—2010 年平均值相比,2013 年以后平均最高气温偏高的年份明显增多。

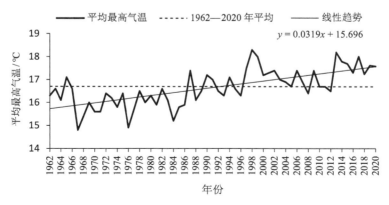

图 5.23　1962—2020 年乌海市年平均最高气温变化

#### 5.5.1.2 极端最高气温

1962—2020年乌海市年极端最高气温整体呈波动升高的趋势(图5.24),线性升高速率约为0.34 ℃/(10 a);年际波动较大,极大值出现在2017年,为41.1 ℃,极小值出现在1979年和1989年,均为35.4 ℃。从1999年开始年极端最高气温上升速率明显增大。

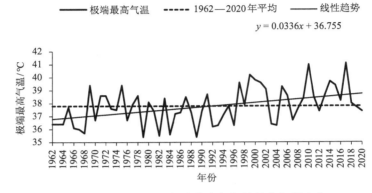

图5.24　1961—2020年乌海市年极端最高气温变化

#### 5.5.1.3 高温日数

1962—2020年乌海市年高温日数整体呈增多趋势(图5.25),线性增加速率约为2.1 d/(10 a);年际波动较大,极大值出现在2002年,为27 d,极小值为1 d。1991年之后,年高温日数较常年(1962—2020年)平均偏高的年份明显增多。

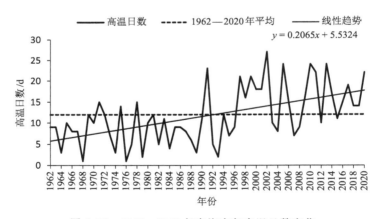

图5.25　1962—2020年乌海市年高温日数变化

#### 5.5.1.4 高温过程

1961—2020年乌海市共出现高温过程80次,年高温过程次数呈上升趋势(图5.26)。1997年起高温过程有所增多,高温过程次数2002年最多,为5次。

1961—2020年的80次高温过程平均最高气温为38.5 ℃,极端最高气温为41.1 ℃,均呈上升趋势(图5.27、图5.28)。

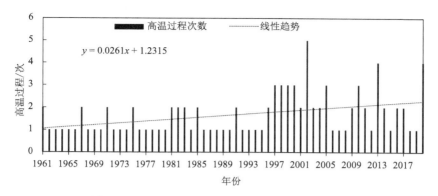

图 5.26　1961—2020 年乌海市高温过程次数变化

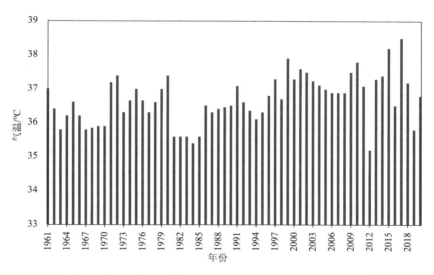

图 5.27　1961—2020 年乌海市高温过程平均最高气温变化

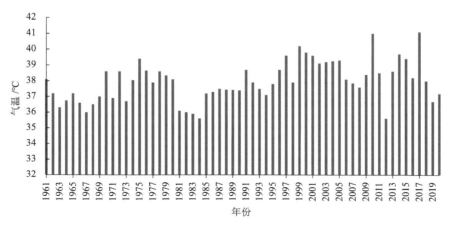

图 5.28　1961—2020 年乌海市高温过程极端最高气温变化

### 5.5.2 高温日数月际变化特征

1961—2020 年乌海市高温日主要出现在 5—9 月,7 月最多,为 384 d;6 月和 8 月高温日数分别为 155 d 和 146 d(图 5.29)。

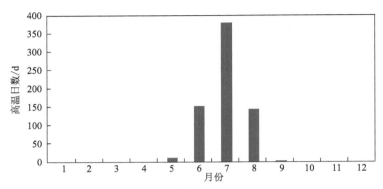

图 5.29　1961—2020 年乌海市高温日数月际变化

## 5.6　低温

乌海市低温灾害包括冷空气、霜冻、低温冷害和冷雨湿雪等四类,主要以冷空气为主。

### 5.6.1　年际变化特征

#### 5.6.1.1　平均最低气温

1961—2020 年乌海市年平均最低气温整体呈波动升高的趋势(图 5.30),线性升高速率约为 0.2 ℃/(10 a);年际波动较大,极大值出现在 1998 年,为 6.4 ℃,极小值出现在 1976 年,为 1.5 ℃,相差 4.9 ℃。与常年(1991—2020 年)平均最低气温 4.1 ℃相比,大部分年份偏低,尤其是 1995 年之前偏低频率较高。

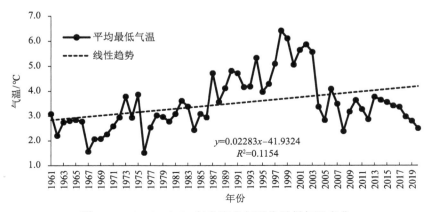

图 5.30　1961—2020 年乌海市年平均最低气温变化

### 5.6.1.2　四季平均最低气温

1961—2020 年乌海市四季平均最低气温整体都呈现波动升高的趋势(图 5.31—图 5.34),春季、夏季、秋季、冬季线性升高速率分别约为 0.2 ℃/(10 a)、0.1 ℃/(10 a)、0.2 ℃/(10 a)、0.5 ℃/(10 a);年际波动较大,春季、夏季、秋季、冬季极大值分别出现在 1998 年、1999 年、1998 年和 2002 年,分别为 7.3 ℃、20.7 ℃、7.2 ℃和−7.7 ℃,极小值分别出现在 1962 年、1976 年、1976 年和 1968 年,分别为 1.2 ℃、16.2 ℃、1.5 ℃和−18.5 ℃。四季平均最低气温偏低年份较多,尤其是 1998 年之前偏低频率较高。

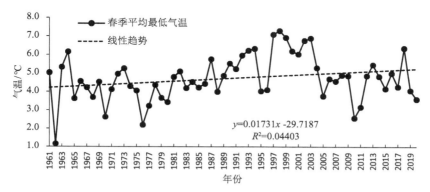

图 5.31　1961—2020 年乌海市春季平均最低气温变化

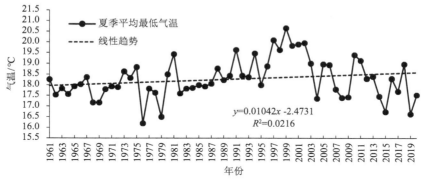

图 5.32　1961—2020 年乌海市夏季平均最低气温变化

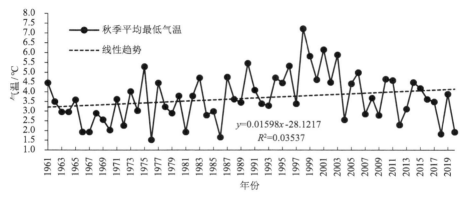

图 5.33　1961—2020 年乌海市秋季平均最低气温变化

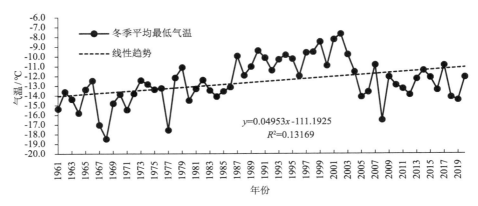

图 5.34　1961—2020 年乌海市冬季平均最低气温变化

### 5.6.2　冷空气时间变化特征

　　1961—2020 年乌海市平均每年出现 8.4 次冷空气过程,最多的年份出现 17 次,最少的年份出现 3 次;冷空气过程呈增多趋势,增加速率约为 0.2 次/(10 a)(图 5.35)。

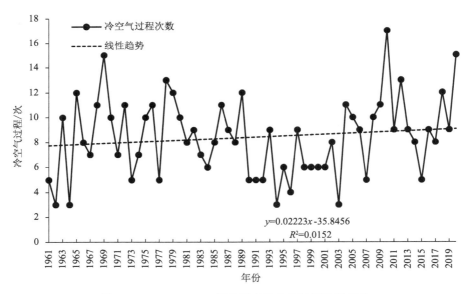

图 5.35　1961—2020 年乌海市冷空气过程次数变化

　　1961—2020 年乌海市冷空气平均持续时间为 1.9 d。冷空气最大降温幅度呈略上升趋势(图 5.36),历年最大降温幅度达 16.8 ℃,出现在 1999 年和 2006 年。极端降温的情况时有发生。

　　1961—2020 年乌海市冷空气极端最低气温年际变化大(图 5.36)。气候变暖背景下,冷空气极端最低气温呈上升趋势,但是极端最低气温的极端性仍然存在,2008 年乌海市冷空气极端最低气温达 −28.9 ℃,为 1961 年以来第二低值(图 5.37)。

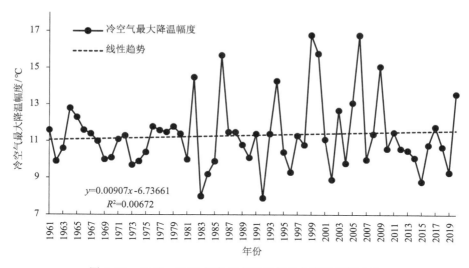

图 5.36　1961—2020 年乌海市冷空气最大降温幅度变化

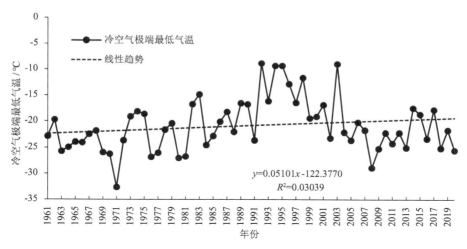

图 5.37　1961—2020 年乌海市冷空气极端最低气温变化

## 5.6.3　霜冻时间变化特征

1961 年以来乌海市霜冻期平均气温和平均最低气温均呈上升趋势,最低霜冻期平均气温和平均最低气温均出现在 1968 年,分别为－3.4 ℃和－9.9 ℃(图 5.38、图 5.39)。

## 5.6.4　低温冷害时间变化特征

1961—2020 年乌海市≥10 ℃积温距平和作物生长季(5—9 月)平均气温距平均呈上升趋势(图 5.40、图 5.41)。

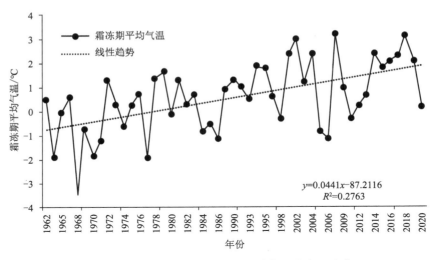

图 5.38　1962—2020 年乌海市霜冻期平均气温变化

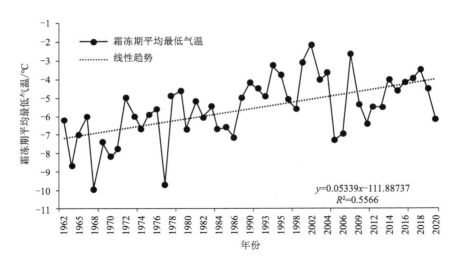

图 5.39　1962—2020 年乌海市霜冻期平均最低气温变化

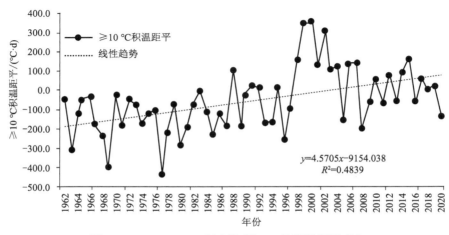

图 5.40　1962—2020 年乌海市≥10 ℃积温距平变化

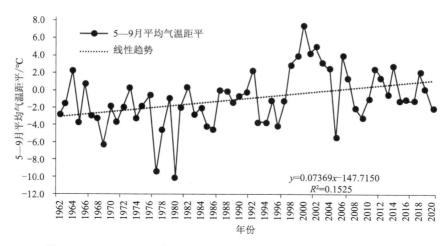

图 5.41　1962—2020 年乌海市作物生长季 5—9 月平均气温距平变化

### 5.6.5　冷雨湿雪时间变化特征

1961—2020 年乌海市冷雨湿雪发生了 19 次,过程极端最低气温在 0 ℃以下的有 4 次,最低值出现在 2009 年,为 −8.9 ℃;过程累积降水量最大值出现在 1995 年,为 19.3 mm;过程平均风速最大值出现在 1961 年,为 7.0 m/s。

## 5.7　雷电

### 5.7.1　雷暴日数特征

1961—2013 年共有雷暴日 917 d。从图 5.42 可以看出,乌海市年雷暴日最多为 27 d,出现在 1988 年;最少为 8 d,出现在 1969 年和 2009 年。年平均雷暴日 17.3 d,按照《建筑物电子信息系统防雷技术规范》(GB 50343—2012)中 3.1.3 条规定,乌海属于少雷区。1961—2013 年雷暴日数高于平均值的年份共计 23 a,占 43.40%,雷暴日数低于平均值的年份共计 21 a,占 39.62%。从年雷暴日数变化趋势线可以看出,年际变化相对平稳,差异较小。

### 5.7.2　雷暴日数月际变化

图 5.43 为 1961—2013 年乌海市月雷暴日数的变化,从图中可以看出,5—9 月是乌海市雷暴日多发期,总计占 96.3%,其中 7 月雷暴日数最多,占 33.3%,其次为 8 月和 6 月,分别占比 24.3%、20.9%,每年 11 月—次年 2 月无雷暴发生。可见一年四季中雷暴主要集中在夏季(6—8 月),春季和秋季有部分雷暴发生,冬季一般无雷暴发生。

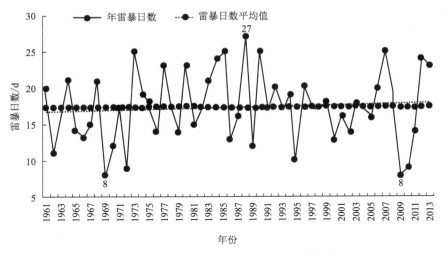

图 5.42　1961—2013 年乌海市雷暴日数变化

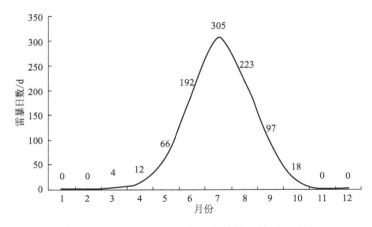

图 5.43　1961—2013 年乌海市雷暴日数月际分布

根据月雷暴日数分布情况,下面分别分析 1961—2013 年 6 月、7 月、8 月的雷暴日数据。

6 月雷暴日数最多为 7 d,发生在 1988 年、1991 年、2000 年、2013 年,1986 年、1997 年、2010 年 6 月无雷暴发生(图 5.44)。6 月雷暴日数年际变化整体在 3 d 上下浮动,且处于平稳增加趋势。

7 月雷暴日数最多为 12 d,发生在 2007 年,1965 年、1969 年、2000 年 7 月雷暴日数最少,为 1 d(图 5.45)。7 月雷暴日数年际变化整体在 6 d 上下浮动,且处于平稳增加趋势。

8 月雷暴日数最多为 11 d,发生在 1984 年,1967 年、1972 年、1996 年、2010 年 8 月雷暴日数最少,为 1 d(图 5.46)。8 月雷暴日数年际变化整体在 4 d 上下浮动,且处于平稳减少趋势。

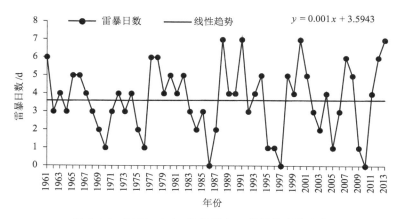

图 5.44 1961—2013 年乌海市 6 月雷暴日数变化

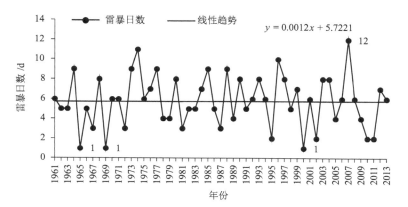

图 5.45 1961—2013 年乌海市 7 月雷暴日数变化

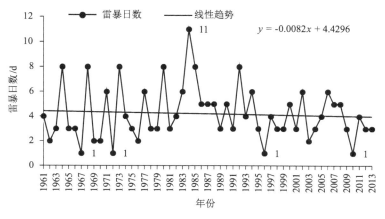

图 5.46 1961—2013 年乌海市 8 月雷暴日数变化

### 5.7.3 地闪特征

统计 2014—2020 年乌海市发生的地闪频次数据,得到有效地闪数据 1209 条。2014—2020 年乌海市发生电流强度绝对值在 2～200 kA 的地闪 1209 次,其中正地闪 208 次,占 17.2%,负地闪 1001 次,占 82.8%。图 5.47 为 2014—2020 年乌海市地闪频次分布,2018 年地闪最多,为 379 次,2014 年最少,为 36 次。

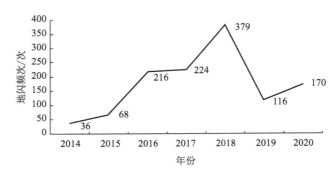

图 5.47　2014—2020 年乌海市地闪频次变化

图 5.48 为 2014—2020 年乌海市正、负地闪频次年变化,从图中可以看到,历年负地闪频次均超过正地闪。

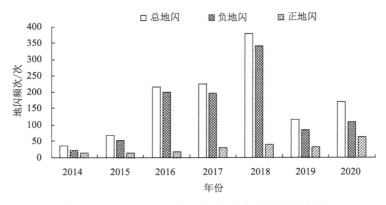

图 5.48　2014—2020 年乌海市正、负地闪频次变化

图 5.49 为 2014—2020 年乌海市正、负地闪频次月际变化,从图中可以看出,地闪活动主要集中在 7—8 月,其次是 6 月和 9 月,这与 1961—2013 年乌海市雷暴日数据分析结论一致。

图 5.50 为 2014—2020 年乌海市地闪频次日分布,从图中可以看出,乌海市地闪日分布呈现"多峰多谷"现象,峰值依次出现在每日的 14—18 时、09—10 时、22 时—次日 01 时,谷值出现在 02—04 时、06—09 时、11—13 时以及 19—21 时。

图 5.51 为 2014—2020 年乌海市地闪频次—电流强度分布,从图中可以看出,乌海

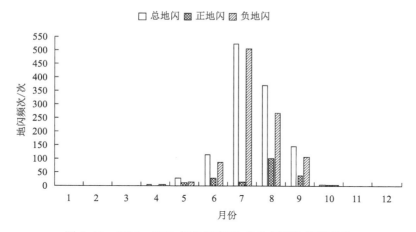

图 5.49　2014—2020 年乌海市正、负地闪频次月际变化

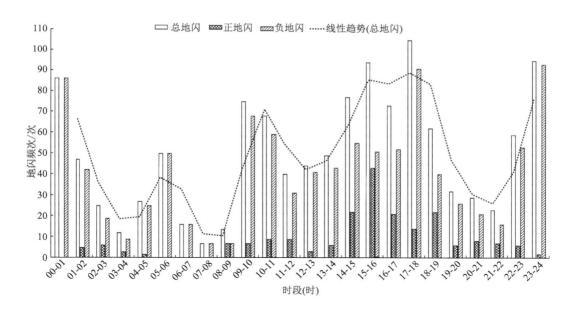

图 5.50　2014—2020 年乌海市地闪频次日变化

市发生地闪的电流强度主要集中在 15～55 kA,占总地闪的 82.9%,其中电流强度在 30～35 kA 范围内发生的地内频次最多,占 18.2%。电流强度超过 100 kA 的地闪共发生了 39 次,占 3.2%。

图 5.52 为 2014—2020 年乌海市地闪密度空间分布,从图中可以看出,乌海市地闪密度为 0.060～0.114 次/(km² · a),整体表现为南高北低,海南区南部、海勃湾区东南部整体地闪密度较高,乌达区、海南区北部、海勃湾区北部稍低,三区交界处地闪密度最低。

2014—2020 年乌海市地闪电流强度(绝对值)为 5.2～192.2 kA,较大值主要出现在海勃湾区中部、乌达区东部和西部、海南区中部,其余呈散点分布(图 5.53)。

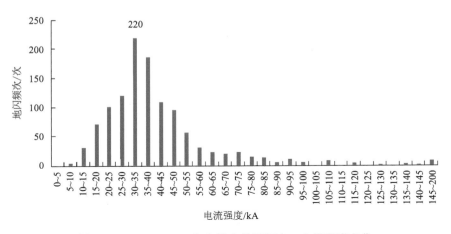

图 5.51    2014—2020 年乌海市地闪频次—电流强度变化

图 5.52    2014—2020 年乌海市地闪密度空间分布(附彩图)

图 5.53　2014—2020 年乌海市地闪电流强度空间分布

# 5.8　雪灾

## 5.8.1　降雪日数

基于气象站历史序列,统计分析 1961—2020 年乌海市历年降雪日数发现,乌海市年平均降雪日数为 12.5 d,最多为 26 d(1971 年),总体呈减少趋势(图 5.54)。

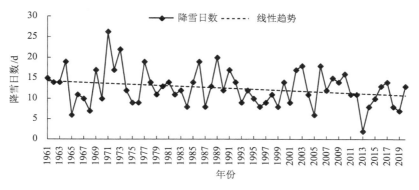

图 5.54　1961—2020 年乌海市降雪日数变化

### 5.8.2 积雪日数

1961—2020 年乌海市年平均积雪日数为 15.7 d,最多为 54 d(1971 年),总体呈减少趋势(图 5.55)。

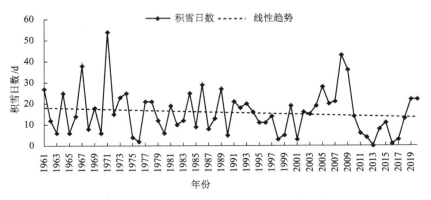

图 5.55　1961—2020 年乌海市积雪日数变化

### 5.8.3 年最大积雪深度

1961—2020 年乌海市年平均最大积雪深度为 3.7 cm,最深为 11 cm(2018 年),整体呈缓慢增多趋势,每 10 年增多 0.2 cm,表明近年来雪灾的致灾危险性有加强的可能(图 5.56)。

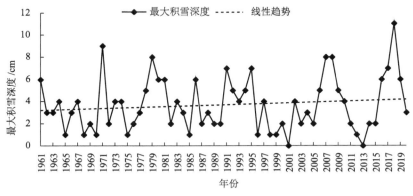

图 5.56　1961—2020 年乌海市最大积雪深度变化

## 5.9　沙尘暴

乌海市沙尘暴天气呈减少趋势,扬沙天气和浮尘天气呈先减少后增加再减少的变化趋势。沙尘天气主要出现在春季,一般沙尘暴天气的出现都伴随着大风天气。

## 5.9.1　年际变化

### 5.9.1.1　特强沙尘暴

1978—2020 年乌海市特强沙尘暴只出现了 2 d,分别出现在 2006 年和 2008 年。

### 5.9.1.2　强沙尘暴

1978—2020 年乌海市强沙尘暴日数呈逐年减少的变化趋势,平均为 0.8 d,最多为 10 d,出现在 1979 年,有 26 a 未出现强沙尘暴(图 5.57)。

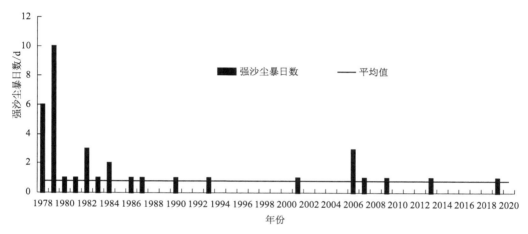

图 5.57　1978—2020 年乌海市强沙尘暴日数变化

### 5.9.1.3　沙尘暴

1978—2020 年乌海市沙尘暴日数呈逐年减少的趋势(图 5.58),平均为 6.4 d;在 1986 年前后明显减少,1991 年之后减少至平均值以下,沙尘暴日数最多为 30 d,出现在 1982 年;有 6 a 未出现沙尘暴。

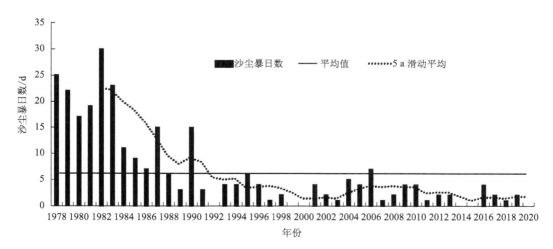

图 5.58　1978—2020 年乌海市沙尘暴日数变化

#### 5.9.1.4 扬沙

1978—2020 年乌海市扬沙日数呈先减少后增加再减少的变化趋势(呈双峰型),见图 5.59,扬沙日数平均为 32 d,1978—1982 年、1985—1987 年、1989 年、1990 年、2004—2013 年在平均值以上,其他年份在平均值以下。2006 年扬沙日数最多,为 73 d;1993 年最少,为 5 d。

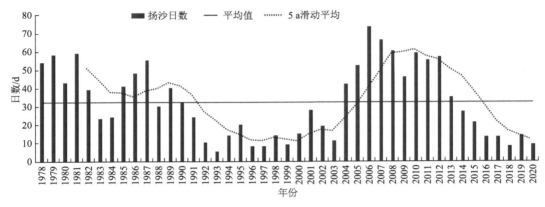

图 5.59　1978—2020 年乌海市扬沙日数变化

#### 5.9.1.5 浮尘

1978—2020 年乌海市浮尘日数也呈先减少后增加再减少的变化趋势(呈双峰型),见图 5.60,浮尘日数平均为 4.9 d。1978—1986 年、1988 年、1993 年、2000 年、2006—2007 年、2010—2012 年、2018 年浮尘日数均在平均值以上,其他年份在平均值以下。1981 年浮尘日数最多,为 15 d,1997 年、1999 年、2002 年、2020 年没有出现浮尘天气。

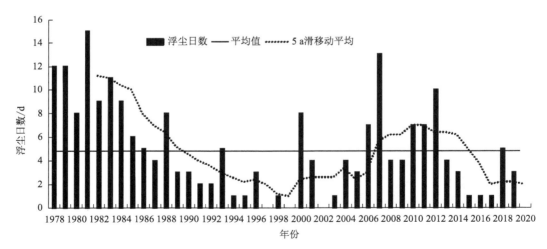

图 5.60　1978—2020 年乌海市浮尘日数变化

综上所述,1978—2020 年乌海市沙尘暴天气呈减少趋势,扬沙天气和浮尘天气呈先减少后增多再减少的趋势。特强沙尘暴和强沙尘暴总体比较少。

### 5.9.2　季节变化

#### 5.9.2.1　特强沙尘暴

1978—2020 年乌海市只出现了 2 次特强沙尘暴,一次出现在 2006 年 4 月 17 日,最小水平能见度为 22 m;另一次出现在 2008 年 6 月 17 日,最小水平能见度为 45 m。

#### 5.9.2.2　强沙尘暴

强沙尘暴天气季节分布见图 5.61。强沙尘暴主要出现在春季,占比为 61.1%,其次是夏季,占比为 27.8%,秋季和冬季的占比迅速降低。

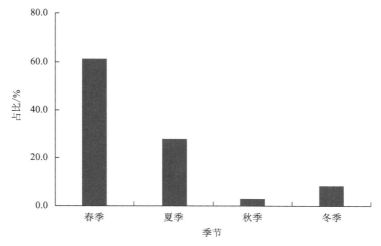

图 5.61　1978—2020 年乌海市强沙尘暴季节分布

#### 5.9.2.3　沙尘暴

沙尘暴天气季节分布见图 5.62。沙尘暴主要出现在春季,占比为 56.7%,其次是夏季,占比为 26.1%,秋季和冬季的占比较低,冬季最小,为 6.4%。

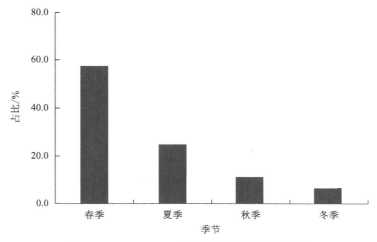

图 5.62　1978—2020 年乌海市沙尘暴季节分布

#### 5.9.2.4 扬沙

扬沙天气季节分布见图 5.63。扬沙主要出现在春季,占比为 49.8%,其次是夏季,占比为 24.4%,秋季和冬季的占比较低,均为 13%。

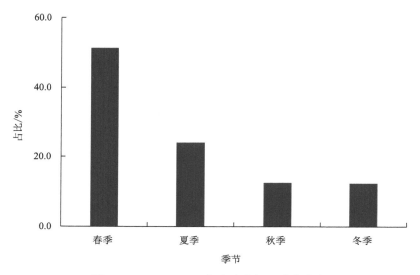

图 5.63　1978—2020 年乌海市扬沙季节分布

#### 5.9.2.5 浮尘

浮尘天气季节分布见图 5.64。浮尘主要出现在春季,占比为 71.2%,其他 3 个季节均较低,秋季最低,为 5.8%。

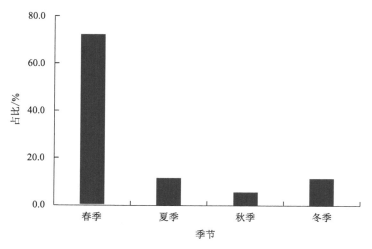

图 5.64　1978—2020 年乌海市浮尘季节分布

综上所述,沙尘天气主要出现在春季,出现频率较高,在 50% 以上,由于春季天气逐渐转暖,地面解冻之后,降水较少,而且冷空气频繁,大风天气多,容易出现沙尘天气。其次是夏季,主要是由于锋面过境时,引起的干雷暴或者干下击暴流引起的短时沙尘天气。

秋季和冬季主要是冷锋过境时风大,在降水较少的情况下,有一定沙尘天气的发生。

## 5.9.3 风速特征

乌海市出现沙尘暴、强沙尘暴、特强沙尘暴时瞬时风速≥17.2 m/s 的占比在 70% 以上,特强沙尘暴可达 100%(图 5.65)。扬沙出现时瞬时风速≥17.2 m/s 的比例明显降低。

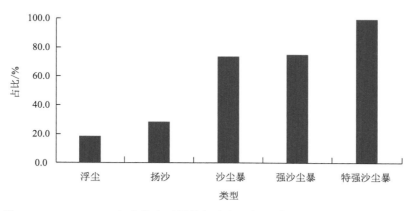

图 5.65　1978—2020 年乌海市不同等级沙尘天气的瞬时风速≥17.2 m/s 占比

## 5.9.4 相对湿度

### 5.9.4.1 特强沙尘暴
两次特强沙尘暴时,相对湿度均在 50% 以下。

### 5.9.4.2 强沙尘暴
出现强沙尘暴天气时,相对湿度在 10%～50%,其中相对湿度 10%～30% 占 58.3%(图 5.66)。

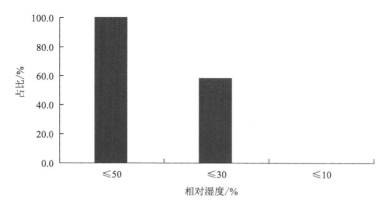

图 5.66　1978—2020 年乌海市强沙尘暴天气相对湿度分布

### 5.9.4.3 沙尘暴

出现沙尘暴天气时,沙尘暴相对湿度≤50％占 88.2％,其中相对温度 10％～30％占 45.3％,相对温度≤10％占 2％(图 5.67)。

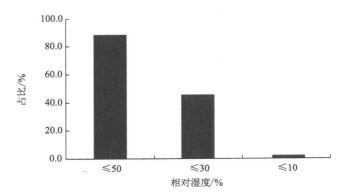

图 5.67　1978—2020 年乌海市沙尘暴天气相对湿度分布

### 5.9.4.4 扬沙

出现扬沙天气时,相对湿度≤50％占 84.8％,其中相对湿度 10％～30％占 44.2％,有少数相对湿度≤10％(图 5.68)。

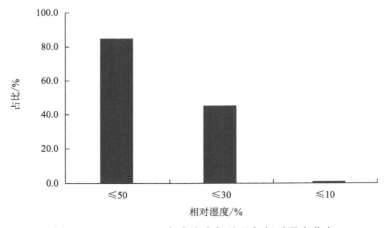

图 5.68　1978—2020 年乌海市扬沙天气相对湿度分布

### 5.9.4.5 浮尘

出现浮尘天气时,相对湿度≤50％占 91.2％,其中相对湿度 10％～30％占 55.7％,相对湿度≤10％占 2％(图 5.69)。

综上所述,沙尘天气基本发生在相对湿度≤50％的情况下,占比≥85％,沙尘天气越强,占比越大;其中有 50％左右的沙尘天气相对湿度为 10％～30％,有少数发生在相对湿度≤10％的情况下。

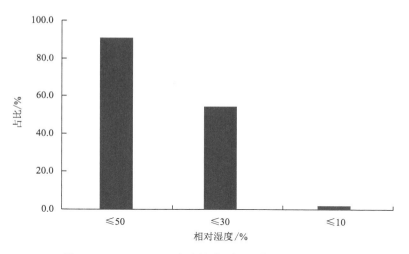

图 5.69　1978—2020 年乌海市浮尘天气相对湿度分布

# 第6章 区域站灾害性天气特征

## 6.1 暴雨

### 6.1.1 暴雨空间分布

图 6.1 给出了 2014—2022 年乌海市各站发生暴雨天气的频次。从图中可以看出，这期间乌海市各站发生暴雨天气的频率偏低，9 a 间所有站点累计暴雨日数都没有超过

图例
日数/d
□ 0
■ 1
■ 2
■ 3

图 6.1 2014—2022 年乌海市暴雨日数分布

3 d,年均暴雨日数≤0.33 d。海勃湾区北部的飞机场站,中部的东山蒙古包站、滨河站和平沟矿站,暴雨日数均为 3 d;乌达区的区政府站和海南区的绿地砖厂观测站,暴雨日数也为 3 d。以上这些地区更容易产生暴雨。海勃湾区的 556 厂站、海南区的区政府站和超限检查站暴雨日数为 0,没有发生过暴雨。

相比较而言,乌海北部的海勃湾区和南部海南区的巴音陶亥镇更容易产生暴雨天气,海南区北部的四合木保护区和海南区政府未发生过暴雨天气。

## 6.1.2　雨强空间分布

2014—2022 年乌海各地均发生过强降水,图 6.2 为各个测站最大雨强的分布,从图中可以看出,乌海市最大雨强为 19.3～47.0 mm/h。最大雨强的分布与暴雨日数的空间分布类似,均是北部的海勃湾区和海南区南部的巴音陶亥镇雨强最大,海勃湾南部、海南区北部及乌达区雨强相对较小。

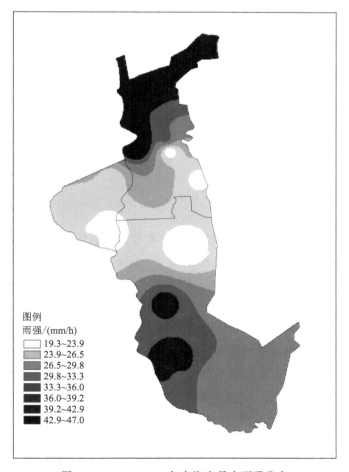

图 6.2　2014—2022 年乌海市最大雨强分布

# 6.2 干旱

乌海市海勃湾区、海南区和乌达区气象干旱过程分析以三区区域自动站建站时间为起点,资料时间序列为 2013—2020 年;历史灾情采用第一次全国气象灾害风险普查数据,时间序列为 1978—2020 年。

## 6.2.1 海勃湾区

### 6.2.1.1 气象干旱过程特征

从 2013—2020 年历次气象干旱过程特征来看,海勃湾区共出现气象干旱过程 4 次,2014—2016 年和 2019 年未出现干旱。年干旱过程发生 0～1 次,过程持续日数在 25～49 d(2013 年),过程最长连续无降水日数在 3～33 d(2013 年),过程强度等级以一般为主。

### 6.2.1.2 气象干旱灾情及过程分析

乌海市海勃湾区历史仅出现一次气象干旱灾害,出现在 2010 年。2010 年 7 月 30 日—9 月 22 日海勃湾区发生中旱,干旱过程降水量为 24.7 mm,降水距平百分率为 −60.4%,区域干旱过程强度为 6.6,相对湿润度指数为 0.9。本次干旱过程共造成千里山镇 824.75 hm² 小麦、玉米遭灾,受灾居民 2420 户 3672 人,直接经济损失达 360 万元。

## 6.2.2 乌达区

### 6.2.2.1 气象干旱过程特征

从 2013—2020 年历次气象干旱过程特征来看,乌达区共出现气象干旱过程 5 次,2014—2016 年未出现干旱。年干旱过程发生 0～1 次,过程持续日数在 25～80 d(2019 年),过程最长连续无降水日数在 1～40 d(2013 年)。过程强度等级以一般为主。

### 6.2.2.2 气象干旱灾情及过程分析

乌海市乌达区出现两次历史气象干旱灾害,分别出现在 2010 和 2011 年。

2010 年 6—9 月,乌达区持续干旱,气温偏高,连续 4 个多月无有效降雨,大部分玉米以及葵花、蔬菜、葡萄等农作物不同程度受灾,对全区农业生产和人民生活造成了影响。据统计:全区受灾 840 户 3290 人,受灾面积 772.5 hm²,农作物成灾 567.4 hm²,农作物绝收 12.8 hm²,直接经济损失 475.4 万元,农业经济损失 475.4 万元。

2011 年 4 月 13 日—10 月 11 日乌达区发生连续 182 d 干旱,过程降水量为 44.4 mm,降水距平百分率为 −66%,区域干旱过程强度为 17.1,等级为特强,相对湿润度指数 −0.9。6 月 1—30 日,乌达区受灾 372 人,农作物受灾 14 hm²,农作物成灾 14 hm²,直接经济损失 30 万元,农业经济损失 30 万元。

### 6.2.3　海南区

#### 6.2.3.1　气象干旱过程特征

从 2013—2020 年历次气象干旱过程特征来看,海南区共出现气象干旱过程 3 次,2014—2016 年、2018—2019 年未出现干旱。年干旱过程发生 0～1 次,过程持续日数在 25～49 d(2013 年),过程最长连续无降水日数在 6～24 d(2013 年),过程强度等级以一般过程为主。

分析气象干旱过程降水量,多数干旱过程在结束前至少经历过一次明显的降水过程,旱情轻时,较小的降水过程对其有所缓解。干旱过程平均气温大多数较常年同期偏高。可见降水量偏少、气温偏高是导致干旱过程出现的主要原因。

#### 6.2.3.2　气象干旱灾情及过程分析

海南区历史气象干旱灾害共出现 4 次,分别在 2004、2005、2011 和 2012 年。2011 年气象干旱灾害导致直接经济损失最大,为 310 万元;2005 年气象干旱灾害受灾人口最多,为 2 万。

2011 年 4 月 13 日—10 月 11 日海南区发生连续 182 d 的干旱,干旱过程降水量为 44.4 mm,降水距平百分率为−66%,区域干旱过程强度为 17.1,等级为特强,相对湿润度指数−0.9。6 月,海南区巴音陶亥镇受灾人口 1.3 万,农作物受灾 2 万亩,减产 10% 以上,饮水困难大牲畜 1600 头,因灾死亡大牲畜 30 头,造成经济损失 265 万元。另外,2.5 万只羊因灾饮水困难;500 只羊因灾死亡,造成经济损失 45 万元。

# 6.3　大风

## 6.3.1　滨河站

#### 6.3.1.1　极大风速年际变化特征

2016—2022 年滨河站极大风速年最大值变化见图 6.3,极大风速年最大值呈略微下降趋势。极大风速最大值出现在 2021 年,为 21.3 m/s,极大风速最小值出现在 2022 年,为 15.0 m/s。

#### 6.3.1.2　大风日数年际变化特征

2016—2022 年滨河站大风日数呈明显下降趋势(图 6.4)。2016 年最多,为 7 d,2022 年最少,为 0。

#### 6.3.1.3　大风日数季节变化特征

2016—2022 年滨河站大风日数季节变化见图 6.5,大风日数主要集中在春季,为 6 d;其次是夏季;滨河站冬季未出现大风日。

#### 6.3.1.4　大风日数月际变化特征

2016—2022 年滨河站大风日数主要集中在 5 月,其次是 7 月(图 6.6)。

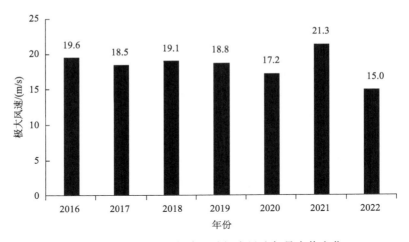

图 6.3　2016—2022 年滨河站极大风速年最大值变化

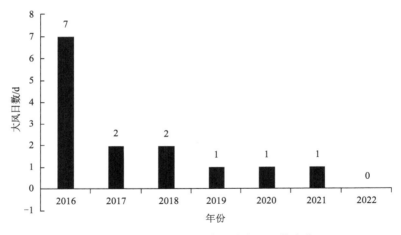

图 6.4　2016—2022 年滨河站大风日数变化

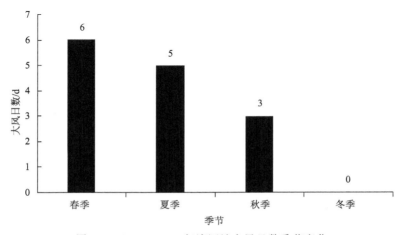

图 6.5　2016—2022 年滨河站大风日数季节变化

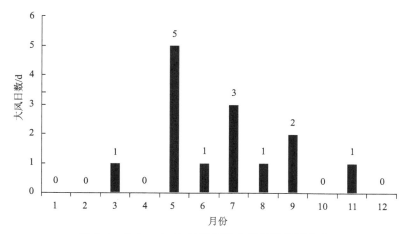

图 6.6　2016—2022 年滨河站大风日数月际变化

## 6.3.2　乌兰淖尔站

### 6.3.2.1　极大风速年际变化特征

2016—2022 年乌兰淖尔站极大风速年最大值变化见图 6.7,极大风速各年最大值明显大于滨河站,分布在 23.0～29.1 m/s;最大值达到 29.1 m/s,出现在 2021 年;其次是25.3 m/s,出现在 2019 年;极大风速最小值出现在 2018 年,为 23.0 m/s。

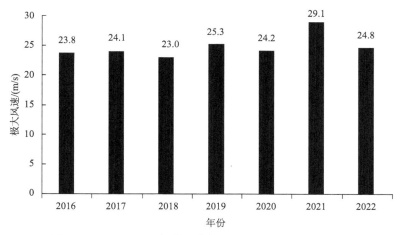

图 6.7　2016—2022 年乌兰淖尔站极大风速年最大值变化

### 6.3.2.2　大风日数年际变化特征

2016—2022 年乌兰淖尔站大风日数呈明显下降趋势(图 6.8)。最大值出现在 2016年,为 39 d;其次是 2018 年和 2021 年,均为 35 d;最小值出现在 2022 年,为 18 d。

### 6.3.2.3　大风日数季节变化特征

2016—2022 年乌兰淖尔站大风日数主要集中在春季,为 93 d;其次是夏季(图 6.9)。

### 6.3.2.4　大风日数月际变化特征

2016—2022 年乌兰淖尔站大风日数主要分布在 4—7 月,5 月大风日数最多,为

49 d;12 月最少,为 4 d(图 6.10)。

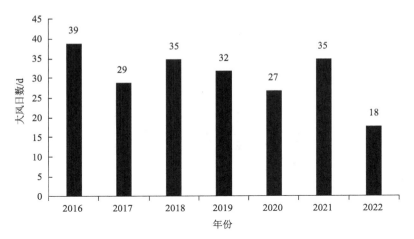

图 6.8　2016—2022 年乌兰淖尔站大风日数变化

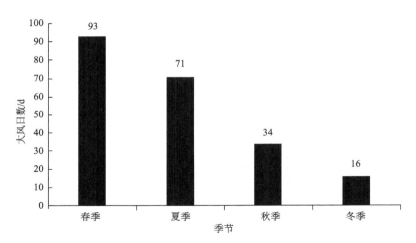

图 6.9　2016—2022 年乌兰淖尔站大风日数季节变化

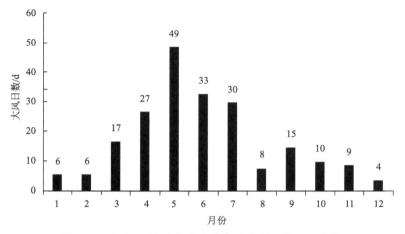

图 6.10　2016—2022 年乌兰淖尔站大风日数月际变化

### 6.3.3　巴音陶亥站

#### 6.3.3.1　极大风速年际变化特征

2016—2022 年巴音陶亥站极大风速年最大值变化见图 6.11,极大风速全部在 10 级以上。最大值出现在 2019 年,为 36.5 m/s,达到 12 级。

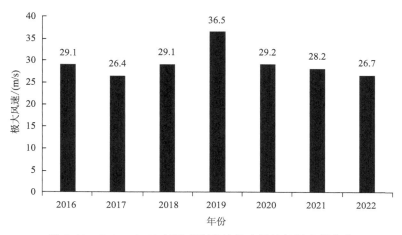

图 6.11　2016—2022 年巴音陶亥站极大风速年最大值变化

#### 6.3.3.2　大风日数年际变化特征

2016—2022 年巴音陶亥站大风日数年际变化见图 6.12,大风日数呈明显上升趋势,最大值出现在 2022 年,为 60 d;最小值出现在 2018 年,为 56 d。

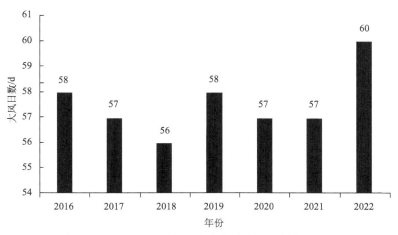

图 6.12　2016—2022 年巴音陶亥站大风日数年际变化

#### 6.3.3.3　大风日数季节变化特征

2016—2022 年巴音陶亥站大风日数季节变化见图 6.13,大风日数出现最多的季节为春季,占全年大风日数的 38%;其次是夏季,占全年大风日数的 26%;秋、冬季大风日数基本相同。

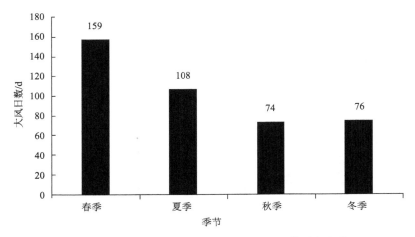

图 6.13　2016—2022 年巴音陶亥站大风日数季节变化

#### 6.3.3.4　大风日数月际变化特征

2016—2022 年巴音陶亥站大风日数月际变化见图 6.14。大风日数 5 月最多,有 65 d;10 月最少,为 18 d。

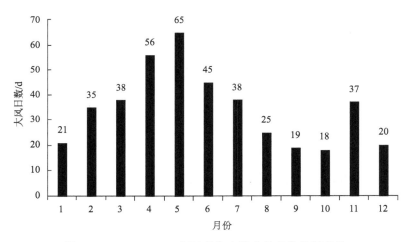

图 6.14　2016—2022 年巴音陶亥站大风日数月际变化

### 6.3.4　超限检查站

#### 6.3.4.1　极大风速年际变化特征

2016—2022 年海南区超限检查站极大风速年最大值变化见图 6.15,整体呈下降趋势。最大值出现在 2016 年,为 32.8 m/s;最小值出现在 2022 年,为 26.6 m/s。

#### 6.3.4.2　大风日数年际变化特征

2016—2022 年海南区超限检查站大风日数年际变化见图 6.16,除 2021 年 71 d 外,

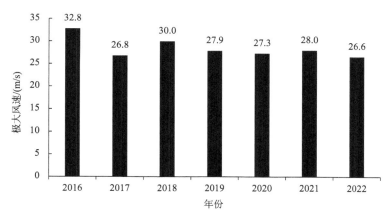

图 6.15  2016—2022 年海南区超限检查站极大风速年最大值变化

其他年份大风日数较为平均。

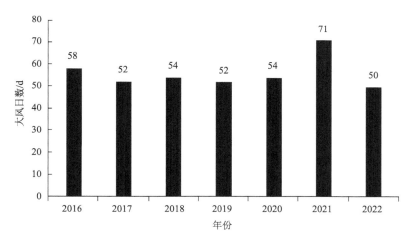

图 6.16  2016—2022 年海南区超限检查站大风日数年际变化

### 6.3.4.3  大风日数季节变化特征

2016—2022 年海南区超限检查站大风日数季节变化见图 6.17。春季大风日数占全年最高,达到 37%;其他 3 个季节大风日数较为均衡,夏季最少,这与其他几个站明显不同。

### 6.3.4.4  大风日数月际变化特征

2016—2022 年海南区超限检查站大风日数月际变化见图 6.18,大风日数最多的月份是 5 月,为 62 d;其次是 4 月,为 50 d。大风日数最少的月份是 7 月,仅有 18 d。

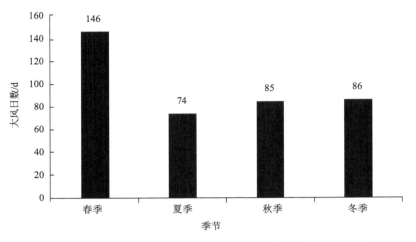

图 6.17　2016—2022 年海南区超限检查站大风日数季节变化

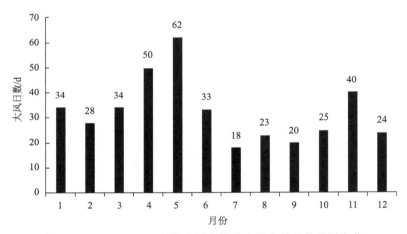

图 6.18　2016—2022 年海南区超限检查站大风日数月际变化

# 6.4　高温

## 6.4.1　滨河站

### 6.4.1.1　年际变化

（1）平均最高气温

2013—2022 年滨河站年平均最高气温整体呈波动升高趋势（图 6.19），线性升高速率为 1.31 ℃/(10 a)；年际波动较大，极大值出现在 2021 年，为 18.85 ℃，极小值出现在 2014 年，为 16.91 ℃，相差 1.94 ℃。2013—2022 年平均最高气温为 17.94 ℃。

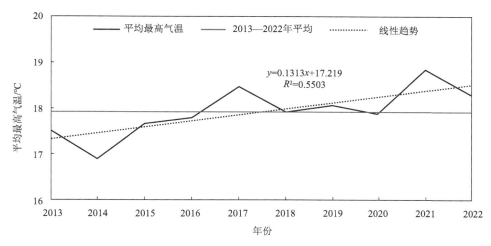

图 6.19　2013—2022 年滨河站年平均最高气温变化

（2）极端最高气温

2012—2022 年滨河站年极端最高气温整体呈波动略微上升趋势（图 6.20），线性升高速率为 1.85 ℃/（10 a）；年际波动较大，极大值出现在 2017 年，为 42.3 ℃，极小值出现在 2012 年，为 36.6 ℃。2012—2022 年极端最高气温平均为 38.64 ℃。

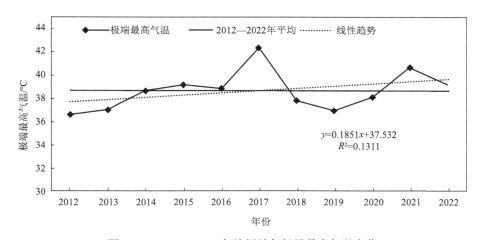

图 6.20　2012—2022 年滨河站年极端最高气温变化

（3）高温日数

2013—2022 年滨河站年高温日数整体上呈减少趋势（图 6.21），线性减少速率为 0.85 d/（10 a）；年高温日数年际波动较大，极大值出现在 2017 年，为 27 d，极小值为 11 d。2013—2022 年平均年高温日数为 17 d。

（4）高温过程

2013—2022 年滨河站共出现高温过程 21 次，年高温过程次数呈略下降趋势。2019—2022 年高温过程均出现 2 次（图 6.22）。

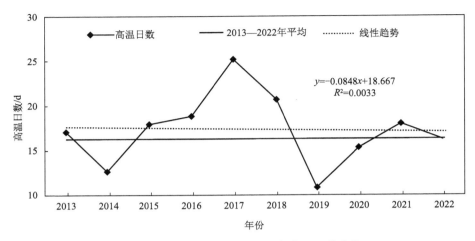

图 6.21　2013—2022 年滨河站年高温日数变化

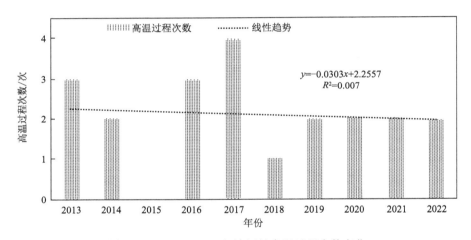

图 6.22　2013—2022 年滨河站高温过程次数变化

2013—2022 年滨河站的 21 次高温过程平均最高气温为 36.9 ℃,年际变化呈上升趋势(图 6.23)。

**6.4.1.2　月际变化**

(1)最高气温

2013—2022 年滨河站平均最高气温夏季最高,为 31.2 ℃,春季次之,为 21.0 ℃,冬季最低,为 2.2 ℃。春季极端最高气温出现在 5 月,为 37.5 ℃;夏季出现在 7 月,为 42.3 ℃;秋季出现在 9 月,为 34.6 ℃;冬季出现在 2 月,为 19.1 ℃(图 6.24)。

(2)高温日数

2013—2022 年滨河站高温日出现在 4—8 月,主要分布在 7 月,为 85 d,占全年高温日的 52%;6 月、8 月高温日数仅次于 7 月,分别为 37 d 和 33 d,5 月高温日较少,为 9 d(图 6.25)。

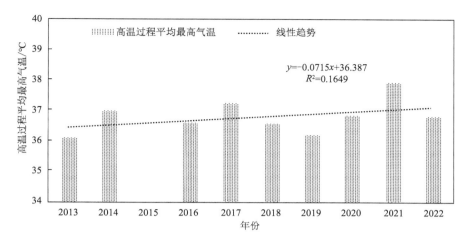

图 6.23　2013—2022 年滨河站高温过程平均最高气温变化

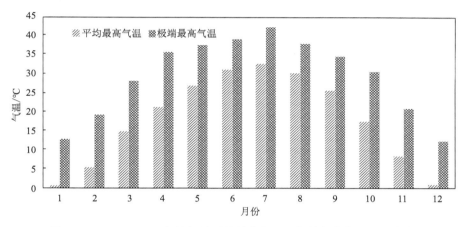

图 6.24　2013—2022 年滨河站平均最高气温和极端最高气温逐月变化

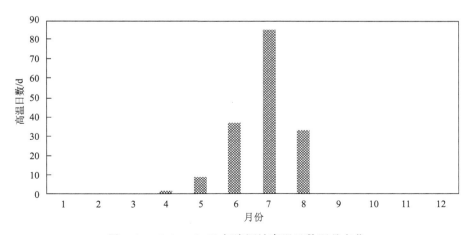

图 6.25　2013—2022 年滨河站高温日数逐月变化

（3）高温过程

滨河站高温过程集中在 6—8 月,持续时间在 3~6 d,最大极端最高气温为 42.3 ℃,出现在 2017 年 7 月 12 日。

（4）典型案例分析

2014 年 7 月 15—19 日,滨河站出现连续 5 d 最高气温超过 35 ℃的高温天气,过程平均最高气温为 36.94 ℃,其中 7 月 16 日最高气温达 38.6 ℃。

2016 年 7 月 26 日—8 月 8 日,滨河站出现连续 14 d 最高气温超过 35 ℃的高温天气,过程平均最高气温为 36.6 ℃,其中 7 月 29 日最高气温达 38.5 ℃。

2017 年 7 月 7—13 日,滨河站出现连续 7 d 最高气温超过 35 ℃的高温天气,过程平均最高气温为 39 ℃,其中 7 月 12 日最高气温达 42.3 ℃。

#### 6.4.1.3 小结

2013—2022 年滨河站年平均最高气温和年极端最高气温整体上均呈波动上升趋势,高温日数平均为 17 d,2017 年出现 4 次高温过程,平均气温为 37.2 ℃。高温天气多出现在 6—8 月,集中在 7 月,占高温日数的 52%,高温过程持续时间为 3~6 d,最大极端最高气温为 42.3 ℃,出现在 2017 年。

### 6.4.2 巴音陶亥站

#### 6.4.2.1 年际变化

（1）平均最高气温

2013—2022 年巴音陶亥站年平均最高气温整体上呈波动升高趋势（图 6.26）,线性升高速率为 1.09 ℃/(10 a);年际波动较大,极大值出现在 2021 年,为 17.85 ℃,极小值出现在 2014 年,为 15.83 ℃,相差 2.02 ℃。2013—2022 年平均最高气温为 16.96 ℃。

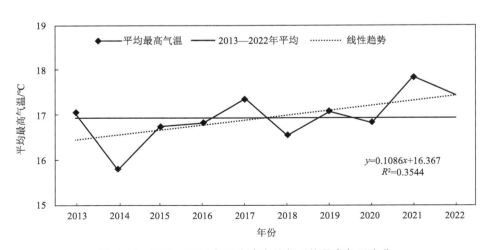

图 6.26　2013—2022 年巴音陶亥站年平均最高气温变化

（2）极端最高气温

2013—2022 年巴音陶亥站年极端最高气温整体呈波动升高趋势（图 6.27），线性升高速率为 0.82 ℃/（10 a）；年际波动较大，极大值出现在 2017 年，为 38.8 ℃；极小值出现在 2018 年，为 35.3 ℃，相差 3.5 ℃。2013—2022 年平均极端最高气温为 36.97 ℃。

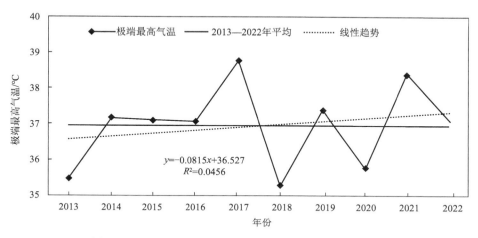

图 6.27　2013—2022 年巴音陶亥站年极端最高气温变化

（3）高温日数

2013—2022 年巴音陶亥站年高温日数整体上呈显著增多的趋势（图 6.28），线性增加速率为 4.12 d/（10 a）；年高温日数年际波动较大，极大值出现在 2021 年，为 11 d；极小值出现在 2018 年，为 1 d。2013—2022 年平均高温日数为 6 d。

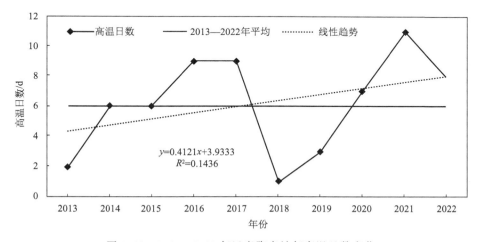

图 6.28　2013—2022 年巴音陶亥站年高温日数变化

（4）高温过程

2013—2022 年巴音陶亥站共出现高温过程 8 次，年高温过程次数呈上升趋势。2020 年和 2021 年均出现 2 次高温过程（图 6.29）。

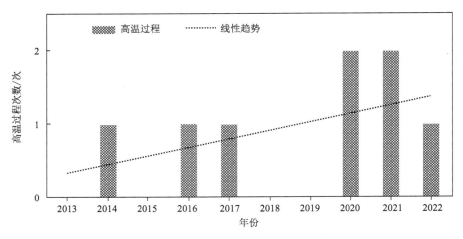

图 6.29　2013—2022 年巴音陶亥站高温过程次数变化

2013—2022 年,巴音陶亥站 8 次高温过程平均最高气温为 36.2 ℃,平均极端最高气温为 38.8 ℃,均呈上升趋势。

#### 6.4.2.2　月际变化

（1）最高气温

2013—2022 年巴音陶亥站平均最高气温夏季最高,为 28.15 ℃;春季次之,为 25.07 ℃;冬季最低,为 6.01 ℃;秋季为 8.32 ℃。春季极端最高气温出现在 6 月,为 37.1 ℃;夏季出现在 7 月,为 38.8 ℃;秋季出现在 10 月,为 29.2 ℃;冬季出现在 3 月,为 27.4 ℃(图 6.30)。

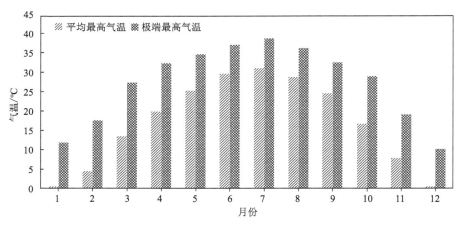

图 6.30　2013—2022 年巴音陶亥站平均最高气温和极端最高气温逐月变化

（2）高温日数

2013—2022 年巴音陶亥站高温日出现在 6—8 月,主要分布在 7 月,为 39 d,占全年高温日数的 69％;6 月和 8 月高温日数分别为 8 d、9 d,其他月份未出现高温日(图 6.31)。

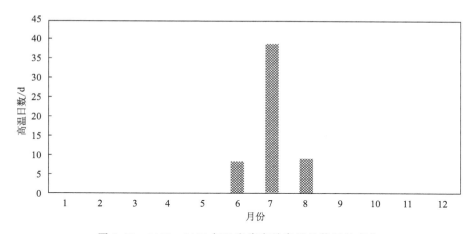

图 6.31　2013—2022 年巴音陶亥站高温日数逐月变化

（3）高温过程

巴音陶亥站高温过程集中出现在 6 月中旬至 8 月初,持续时间为 3～6 d,最大极端最高气温为 38.8 ℃,出现在 2017 年 7 月 12 日。

（4）典型案例分析

2017 年 7 月 8—13 日,巴音陶亥站出现连续 6 d 最高气温超过 35 ℃的高温天气,过程平均最高气温为 37.28 ℃,其中 7 月 12 日最高气温达 38.8 ℃。

#### 6.4.2.3　小结

2013—2022 年巴音陶亥站年平均最高气温和年极端最高气温整体上均呈波动上升的趋势,高温日数平均为 6 d,2020 年和 2021 年均出现 4 次高温过程。高温天气多出现在 6—8 月,集中出现在 7 月,占高温日数的 69%,高温过程持续时间为 3～6 d,最大极端最高气温为 38.8 ℃,出现在 2017 年。

### 6.4.3　乌兰淖尔站

#### 6.4.3.1　年际变化

（1）平均最高气温

2013—2022 年乌达乌兰淖尔站年平均最高气温整体呈波动升高的趋势(图 6.32),线性升高速率为 0.51 ℃/(10 a);年际波动不大,极大值出现在 2021 年,为 18.3 ℃,极小值出现在 2016 年,为 17.05 ℃。2013—2022 年平均最高气温为 17.56 ℃。

（2）极端最高气温

2013—2022 年乌达乌兰淖尔站年极端最高气温整体呈波动升高的趋势(图 6.33),线性升高速率为 1.10 ℃/(10 a);年际波动较大,极大值出现在 2017 年,为 40.4 ℃,极小值出现在 2019 年,为 37.5 ℃。2013—2022 年平均极端最高气温为 38.43 ℃。

（3）高温日数

2013—2022 年乌达乌兰淖尔站年高温日数整体呈显著增多的趋势(图 6.34),线性

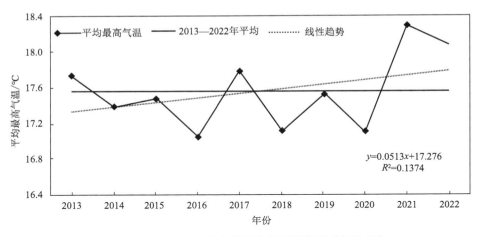

图 6.32　2013—2022 年乌兰淖尔站年平均最高气温变化

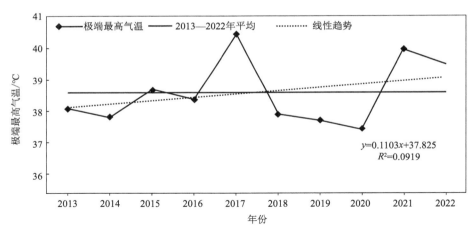

图 6.33　2013—2022 年乌兰淖尔站年极端最高气温变化

增加速率为 8.7 d/(10 a);年际波动较大,极大值出现在 2017 年,为 22 d,极小值为 3 d。2013—2022 年平均高温日数为 14 d。

　　(4)高温过程

　　2013—2022 年乌达乌兰淖尔站共出现高温过程 21 次,年高温过程次数呈略上升趋势(图 6.35)。2013—2016 年高温过程次数均为 2 次,2022 年出现 4 次高温过程,为历年最多。

　　2013—2022 年乌达乌兰淖尔站 21 次高温过程平均最高气温为 37.32 ℃,平均极端最高气温为 38.42 ℃,均呈上升趋势(图 6.36、图 6.37)。

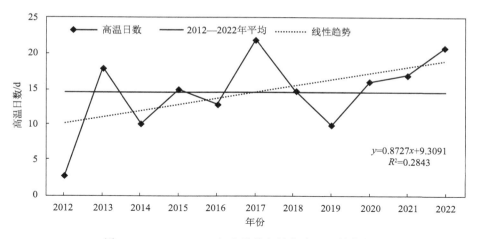

图 6.34　2012—2022 年乌兰淖尔站年高温日数变化

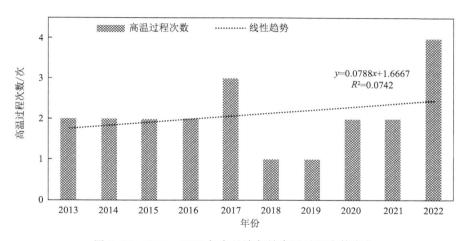

图 6.35　2013—2022 年乌兰淖尔站高温过程次数变化

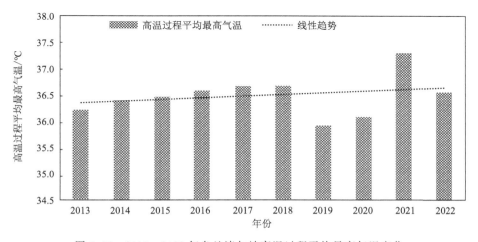

图 6.36　2013—2022 年乌兰淖尔站高温过程平均最高气温变化

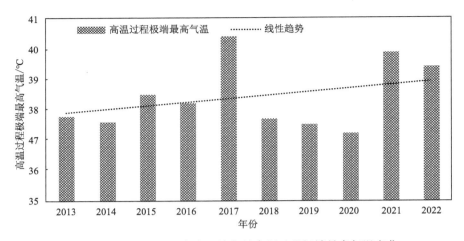

图 6.37　2013—2022 年乌兰淖尔站高温过程极端最高气温变化

#### 6.4.3.2　月际变化

（1）最高气温

2013—2022 年乌达乌兰淖尔站平均最高气温夏季最高，为 29.35 ℃；春季次之，为 25.70 ℃；冬季最低，为 5.97 ℃；秋季为 8.39 ℃。春季极端最高气温出现在 6 月，为 37.8 ℃；夏季出现在 7 月，为 40.4 ℃；秋季出现在 10 月，为 30.9 ℃；冬季出现在 3 月，为 25.7 ℃（图 6.38）。

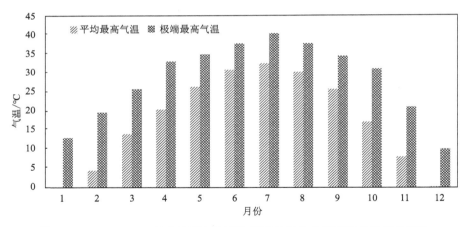

图 6.38　2013—2022 年乌兰淖尔站平均最高气温和极端最高气温逐月变化

（2）高温日数

2013—2022 年乌达乌兰淖尔站高温日出现在 6—8 月，主要分布在 7 月，为 81 d，占全年高温日的 56%；6 月、8 月高温日数分别为 27 d、37 d（图 6.39）。

（3）高温过程

乌达乌兰淖尔站高温过程集中出现在 6 月中旬至 8 月初，持续时间为 3～6 d，最大

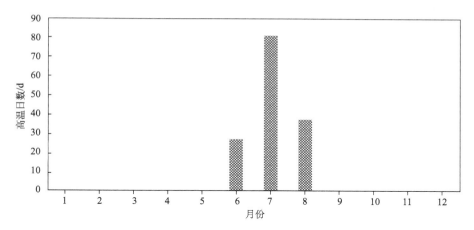

图 6.39　2013—2022 年乌兰淖尔站平均高温日数逐月变化

极端最高气温为 40.4 ℃,出现在 2017 年 7 月 12 日。

（4）典型案例分析

2014 年 7 月 26—31 日,乌兰淖尔站出现连续 6 d 最高气温超过 35 ℃的高温天气,过程平均最高气温为 36.23 ℃,其中 7 月 30 日和 31 日最高气温均达 37.4 ℃。

2016 年 7 月 26—31 日,乌兰淖尔站出现连续 6 d 最高气温超过 35 ℃的高温天气,过程平均最高气温为 36.61 ℃,其中 7 月 27 日最高气温达 37.3 ℃。

2017 年 7 月 7—13 日,乌兰淖尔站出现连续 7 d 最高气温超过 35 ℃的高温天气,过程平均最高气温为 38.08 ℃,其中 7 月 12 日最高气温达 40.4 ℃。

### 6.4.3.3　小结

2013—2022 年乌达乌兰淖尔站年平均最高气温和年极端最高气温整体均呈波动上升的趋势,高温日数平均为 14 d,2022 年出现 4 次高温过程,平均最高气温 36.58 ℃。高温天气多出现在 6—8 月,集中在 7 月,占高温日数的 56%,高温过程持续时间在 3~6 d,最大极端最高气温为 40.4 ℃,出现在 2017 年。

## 6.4.4　超限检查站

### 6.4.4.1　年际变化

（1）平均最高气温

2016—2022 年超限检查站年平均最高气温整体呈波动升高的趋势（图 6.40）,线性升高速率为 1.29 ℃/(10 a);年际波动较大,极大值出现在 2021 年,为 18.58 ℃;极小值出现在 2018 年,为 17.3 ℃,相差 1.28 ℃。2016—2022 年平均最高气温为 17.84 ℃。

（2）极端最高气温

2016—2022 年超限检查站年极端最高气温整体呈波动升高的趋势（图 6.41）,线性升高速率为 1.68 ℃/(10 a);年际波动较大,极大值出现在 2017 年,为 40 ℃;极小值出现在 2016 年,为 36.7 ℃。2016—2022 年平均极端最高气温为 38.45 ℃。

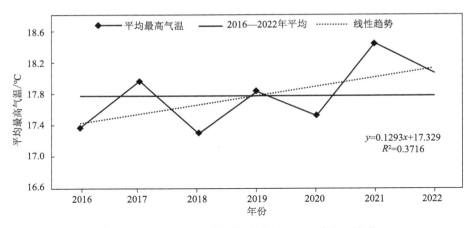

图 6.40　2016—2022 年超限检查站平均最高气温变化

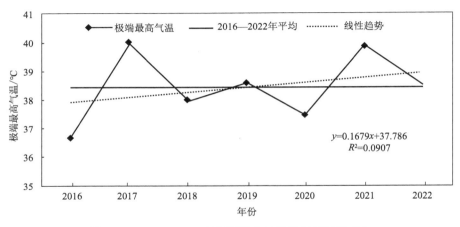

图 6.41　2016—2022 年超限检查站极端最高气温变化

（3）高温日数

2016—2022 年超限检查站年高温日数整体呈增多趋势（图 6.42），线性增加速率为
2.1 d/(10 a)；年际波动较大，极大值出现在 2017 年，为 22 d；极小值出现在 2018 年，为
12 d。2016—2022 年平均高温日数为 16 d。

（4）高温过程

2016—2022 年超限检查站共出现高温过程 12 次，年高温过程次数呈略上升趋势。
2016、2017、2021 和 2022 年各出现 2 次高温过程，2020 年高温过程最多，出现 3 次（图 6.43）。

2016—2022 年超限检查站的 12 次高温过程平均最高气温为 37.41 ℃，平均极端最
高气温为 40 ℃，出现在 2017 年，均呈上升趋势。

**6.4.4.2　季节和月际变化**

（1）最高气温

2016—2022 年超限检查站平均最高气温夏季最高，为 29.61 ℃；春季次之，为 26.06 ℃；

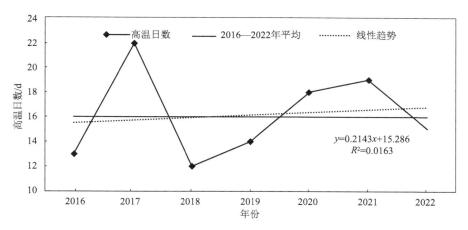

图 6.42　2016—2022 年超限检查站高温日数变化

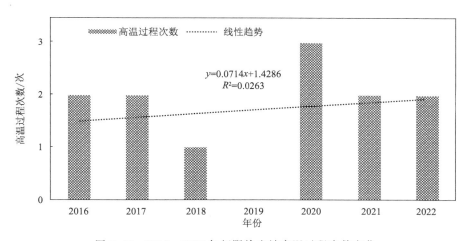

图 6.43　2016—2022 年超限检查站高温过程次数变化

冬季最低,为 6.33 ℃;秋季为 8.95 ℃。春季极端最高气温出现在 6 月,为 38.5 ℃;夏季出现在 7 月,为 40 ℃;秋季出现在 10 月,为 29.9 ℃;冬季出现在 3 月,为 27.4 ℃(图 6.44)。

（2）高温日数

2016—2022 年超限检查站高温日出现在 6—8 月,主要分布在 7 月,为 63 d,占全年高温日的 56%;6 月和 8 月高温日数相差 1 d,分别为 24 d、25 d;5 月高温日较少,出现1 d(图 6.45)。

（3）高温过程

超限检查站高温过程集中出现在 6 月中旬至 8 月初,持续时间为 3~6 d,最大极端最高气温为 40.0 ℃,出现在 2017 年 7 月 11 日。

（4）典型案例分析

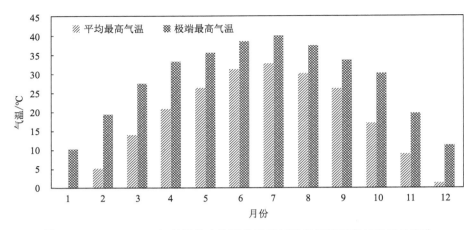

图 6.44　2016—2022 年超限检查站平均最高气温和极端最高气温逐月变化

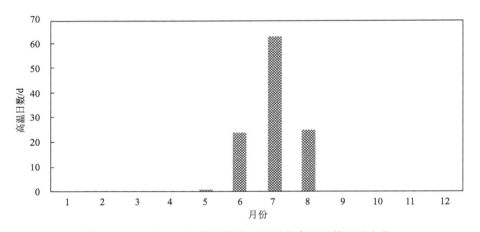

图 6.45　2016—2022 年超限检查站平均高温日数逐月变化

　　2017 年 7 月 7—19 日,超限检查站出现连续 12 d 最高气温超过 35 ℃ 的高温天气,过程平均最高气温为 37.45 ℃,其中 7 月 11 日和 12 日最高气温均达 40 ℃。

　　2021 年 7 月 8—16 日,超限检查站出现连续 9 d 最高气温超过 35 ℃ 的高温天气,过程平均最高气温为 37.68 ℃,其中 7 月 14 日最高气温达 39.9 ℃。

### 6.4.4.3　小结

　　2016—2022 年超限检查站年平均最高气温和年极端最高气温整体上均呈波动上升的趋势,高温日数平均为 16 d,2020 年出现 3 次高温过程。高温天气多出现在 6—8 月,集中出现 7 月,占高温日数的 56%,高温过程持续时间为 3～6 d,最大极端最高气温为 40 ℃,出现在 2017 年。

## 6.4.5　区域站高温分布

　　乌海市高温过程较多、强度较强,年平均最高气温和年极端最高气温整体均呈波动上升的趋势,1999 年开始年极端最高气温上升速率明显增大,区域站平均高温日数由高到低为:滨河、超限检查站、乌兰淖尔镇、巴音陶亥镇,高温天气多出现为 6—8 月,集中出现在 7 月,高温过程持续时间为 3～6 d,各站点极端最高气温均出现在 2017 年。

### 6.4.5.1　平均最高气温

(1)年平均最高气温

乌海市年平均最高气温呈两端向中间逐步升高的分布趋势(图 6.46)。年平均最高气温为 17.1～18.2 ℃,低值区出现在海南区偏南地区和海勃湾北部部分地区,年平均最高气温为 17.1～17.3 ℃,高值区主要分布在海勃湾区中部大部地区,年平均最高气温为 18.0～18.2 ℃。乌达区及海南区北部年平均最高气温为 17.6～17.8 ℃。

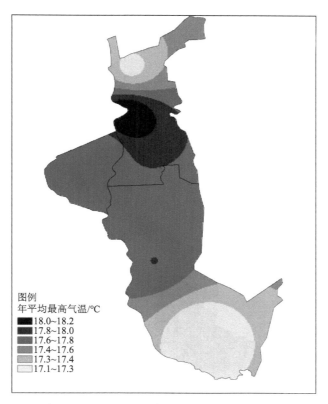

图 6.46　2016—2022 年乌海市年平均最高气温

(2)春季平均最高气温

乌海市春季平均最高气温空间分布整体上呈由南向北逐步升高的态势(图 6.47),春季平均最高气温为 19.6～21.1 ℃,低值区出现在海南区南部部分地区,高值区分布在海勃湾区中部,春季平均最高气温为 20.4～21.1 ℃,乌达区及海南区、海勃湾区北部春季平均最高气温为 20.0～20.4 ℃。

(3)夏季平均最高气温

乌海市夏季平均最高气温空间分布整体上呈由南向北逐步升高的态势(图 6.48),

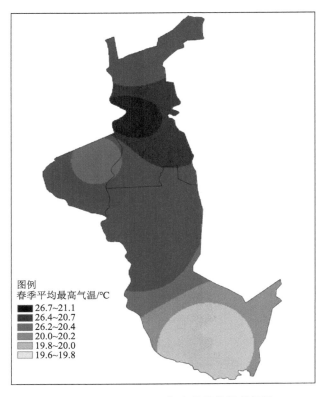

图 6.47　2016—2022 年春季平均最高气温

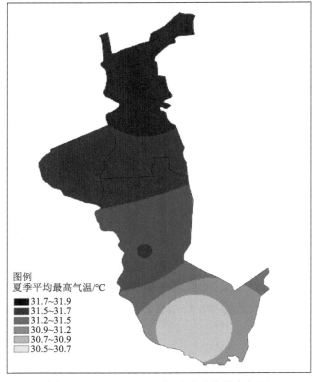

图 6.48　2016—2022 年夏季平均最高气温

夏季平均最高气温为 30.5～31.9 ℃,低值区出现在海南区南部小部分区域,高值区出现在乌达区、海勃湾全区及海南区北部小部分地区,夏季平均最高气温为 31.5～31.9 ℃,海南区中部地区夏季平均最高气温为 30.9～31.5 ℃。

(4)秋季平均最高气温

乌海市秋季平均最高气温空间分布整体上呈由南向北逐步升高的态势(图 6.49),秋季平均最高气温为 16.8～17.7 ℃,低值区出现在海南区南部,高值区出现在海勃湾区大部分地区及海南区中部小部分地区,秋季平均最高气温为 17.4～17.7 ℃,乌达区及海南区北部区域秋季平均最高气温为 17.1～17.4 ℃。

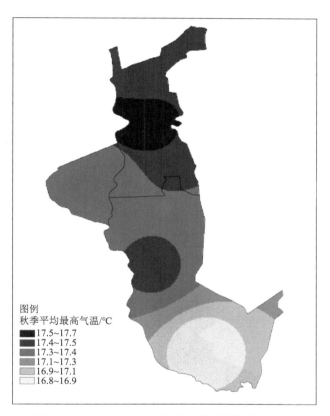

图 6.49　2016—2022 年乌海市秋季平均最高气温

(5)冬季平均最高气温

乌海市冬季平均最高气温为 1.4～2.2 ℃(图 6.50),低值区出现在海勃湾区北部及乌达区东北大部地区,高值区出现在海勃湾区中部及海南区中部地区,冬季平均最高气温为 1.9～2.2 ℃,海南区南部及乌达区南部冬季平均最高气温为 1.6～1.7 ℃。

**6.4.5.2　年平均极端最高气温**

乌海市年平均极端最高气温空间分布整体上呈由南向北逐步升高的态势(图 6.51),年平均极端最高气温为 37.1～39.1 ℃,低值区出现在海南区南部,高值区分布在乌达全区、海勃湾区大部、海南区北部小部分地区。

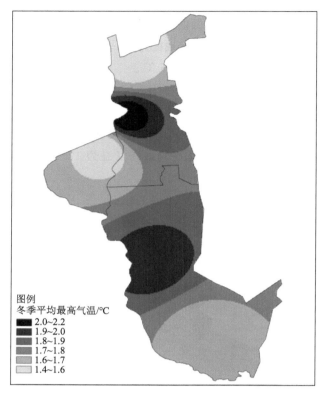

图 6.50  2016—2022 年乌海市冬季平均最高气温

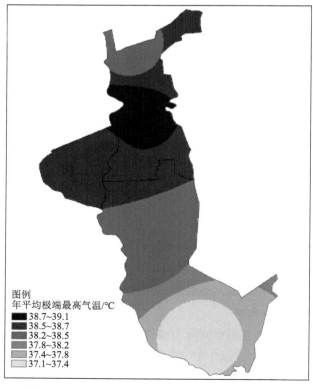

图 6.51  2016—2022 年乌海市平均极端最高气温

#### 6.4.5.3　年高温过程平均最高气温

乌海市年高温过程平均最高气温空间分布整体上呈由南向北逐步升高的态势（图
6.52），年高温过程平均最高气温为 36.2～37.2 ℃，低值区出现在海南区南部部分地
区，高值区分布在海勃湾区北部，乌达区及海南区北部地区年高温过程平均最高气温
为 36.6～36.8 ℃。

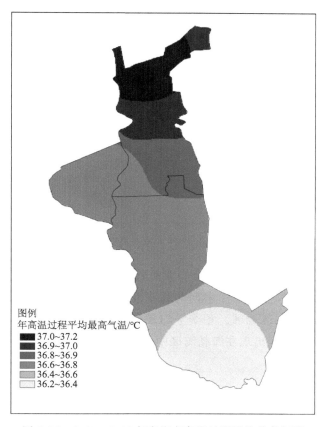

图 6.52　2016—2022 年乌海市高温过程平均最高气温

#### 6.4.5.4　年高温日数

乌海市年高温日数呈自南北向中间逐步增多的态势（图 6.53）。高温日数为 7～19 d，
低值区出现在海南区南部、海勃湾区北部，高值区主要分布在乌达区、海南区北部、海勃
湾区南部，在海勃湾中部出现年高温日数极大值，为 17～19 d。

#### 6.4.5.5　小结

从乌海市高温空间分布来看，其与人口集中、经济密集区分布基本一致。乌海市年
平均极端最高气温和年高温过程平均最高气温空间分布呈由南向北逐步升高的态势，低
值区出现在海南区，高值区分布在乌达区、海勃湾区大部、海南区北部部分区域。乌海市
年平均最高气温、年高温日数空间分布表现为自南北向中间逐步升高。低值区出现在海
南区偏南地区和海勃湾区北部部分地区，高值区主要分布在海勃湾区中部大部地区，乌

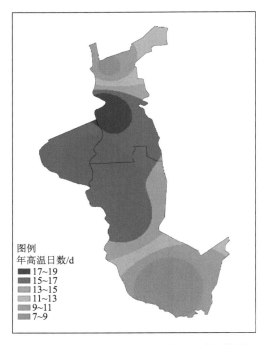

图 6.53　2016—2022 年乌海市高温日数（附彩图）

达区、海勃湾区南部，年高温日数空间分布在海勃湾区中部出现极大值，为 17~19 d。

春、夏、秋季平均最高气温呈由南向北逐步升高的态势，低值区出现在海南区南部，高值区出现在海勃湾区大部地区。冬季平均最高气温低值区出现在海勃湾区北部及乌达区东北大部地区，高值区出现在海勃湾区中部及海南区中部地区。

# 6.5　低温

## 6.5.1　滨河站

### 6.5.1.1　平均最低气温

2016—2022 年海勃湾区滨河站平均最低气温为 5.2 ℃，整体逐年变化不大，基本持平，2019 年前年际波动不大，之后波动起伏增强（图 6.54）。平均最低气温 2020 年最低，为 4.7 ℃，2021 年最高，为 5.9 ℃。

### 6.5.1.2　四季平均最低气温

2016—2022 年滨河站春季平均最低气温为 6.9 ℃，整体逐年呈"W"形变化，线性趋势略降，下降速率为 0.21 ℃/(10 a)，年际波动较大，2020 年以后变化平稳（图 6.55）。平均最低气温 2020 年最低，为 5.8 ℃；2022 年最高，为 7.1 ℃。

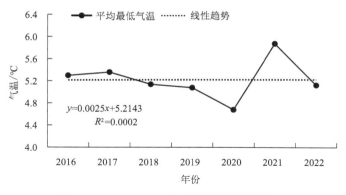

图 6.54  2016—2022 年滨河站平均最低气温

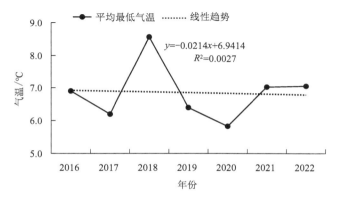

图 6.55  2016—2022 年滨河站春季平均最低气温

2016—2022 年滨河站夏季平均最低气温为 19.2 ℃,整体逐年呈"W"形变化,线性趋势下降,下降速率为 0.96 ℃/(10 a),年际波动较大(图 6.56)。平均最低气温 2019 年最低,为 18.4 ℃;2018 年最高,为 20.3 ℃。

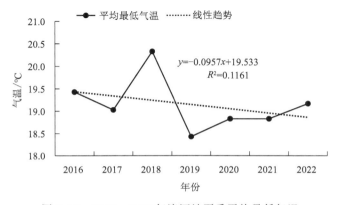

图 6.56  2016—2022 年滨河站夏季平均最低气温

2016—2022 年滨河站秋季平均最低气温为 5.1 ℃,整体逐年呈"W"形变化,线性趋势下降,下降速率为 0.62 ℃/(10 a),年际波动较大(图 6.57)。平均最低气温 2018 年最低,为 3.9 ℃;2019 年最高,为 5.8 ℃。

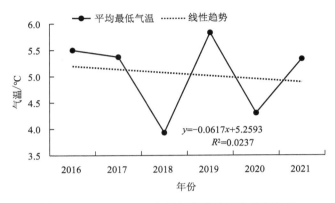

图 6.57　2016—2022 年滨河站秋季平均最低气温

2016—2022 年滨河站冬季平均最低气温为 -9.8 ℃,整体逐年呈"W"形变化,线性趋势上升,升高速率为 0.38 ℃/(10 a),年际波动较大(图 6.58)。平均最低气温 2018 年最低,为 -11.6 ℃;2016 年最高,为 -8.4 ℃。

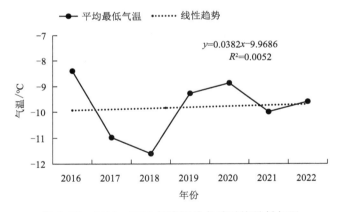

图 6.58　2016—2022 年滨河站冬季平均最低气温

#### 6.5.1.3　极端最低气温

2016—2022 年滨河站极端最低气温平均为 -19.9 ℃,整体逐年呈上升趋势,升高速率为 0.86 ℃/(10 a),年际波动较大(图 6.59)。极端最低气温 2021 年最低,为 -22.2 ℃;2017 年最高,为 -17.0 ℃。

#### 6.5.1.4　冷空气过程

2016—2022 年滨河站平均冷空气次数为 12 次,整体逐年呈下降趋势,下降速率为 7.5 次/(10 a),年际波动较大(图 6.60)。冷空气次数 2022 年最少,为 5 次;2021 年最多,为 15 次。

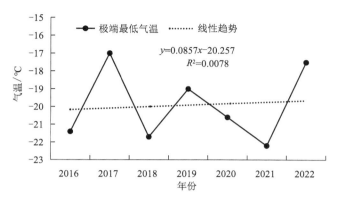

图 6.59　2016—2022 年滨河站极端最低气温

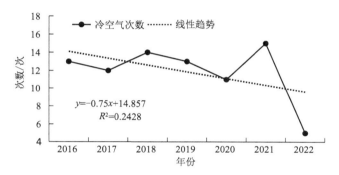

图 6.60　2016—2022 年滨河站冷空气次数

2016—2022 年滨河站冷空气过程最大降温幅度平均为 13 ℃,年际波动较大,2016 年、2018 年、2021 年最大降温幅度在平均值以上,其他年在平均值以下(图 6.61)。最大降温幅度 2018 年最大,为 14.4 ℃。

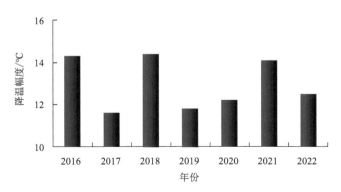

图 6.61　2016—2022 年滨河站冷空气过程最大降温幅度

#### 6.5.1.5　霜冻期气温

2016—2022 滨河站年霜冻期(9 月—次年 5 月)平均最低气温为 0.1 ℃,整体逐年呈上升趋势,升高速率为 3.72 ℃/(10 a),2018—2019 年变化波动较大(图 6.62)。平均最低气温 2016 年最低,为 −1.1 ℃;2020 年最高,为 0.8 ℃。

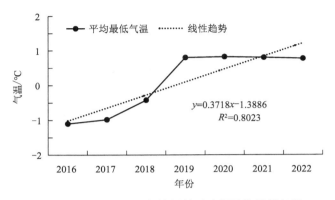

图 6.62　2016—2022 年滨河站霜冻期平均最低气温

2016—2022 年滨河站霜冻期(9 月—次年 5 月)平均极端最低气温为 −6.8 ℃,整体逐年呈上升趋势,升高速率为 0.86 ℃/(10 a),年际波动较大(图 6.63)。平均极端最低气温 2017 年最低,为 −7.3 ℃;2021 年最高,为 −6.1 ℃。

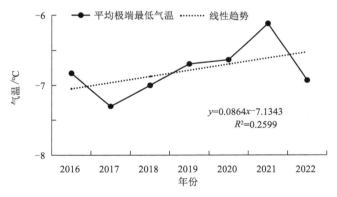

图 6.63　2016—2022 年滨河站霜冻期平均极端最低气温

#### 6.5.1.6　低温冷害

2016—2022 年滨河站 ≥10 ℃ 活动积温平均值为 4142 ℃·d,逐年呈下降趋势,下降速率为 259.6 ℃·d/(10 a),年际波动较大(图 6.64)。≥10 ℃ 活动积温平均值 2020 年最低,为 3928 ℃·d;2016 年最高,为 4298 ℃·d。

### 6.5.2　乌兰淖尔站

#### 6.5.2.1　平均最低气温

2016—2022 年乌达区乌兰淖尔站平均最低气温为 4.0 ℃,整体逐年呈下降趋势,线性下降速率为 0.86 ℃/(10 a),2019 年以前年变化波动不大,以后年变化波动增强(图 6.65)。平均最低气温 2022 年最低,为 3.4 ℃;2021 年最高,为 4.4 ℃。

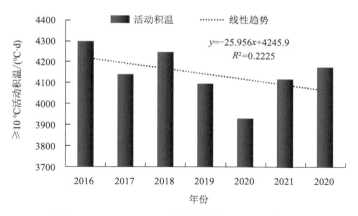

图 6.64　2016—2022 年滨河站≥10 ℃活动积温

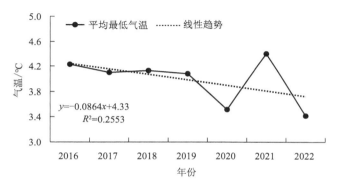

图 6.65　2016—2022 年乌兰淖尔站平均最低气温

### 6.5.2.2　四季平均最低气温

2016—2022 年乌兰淖尔站春季平均最低气温为 5.7 ℃,整体逐年呈下降趋势,线性下降速率为 0.66 ℃/(10 a),年际波动较大(图 6.66)。平均最低气温 2018 年最高,为 7.8 ℃;2020 年最低,为 4.6 ℃。

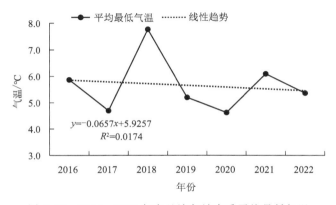

图 6.66　2016—2022 年乌兰淖尔站春季平均最低气温

2016—2022 年乌兰淖尔站夏季平均最低气温为 18.9 ℃,整体逐年呈下降趋势,线性下降速率为 1.35 ℃/(10 a),2019 年以前年际波动较大(图 6.67)。平均最低气温 2019 年最低,为 18.2 ℃;2018 年最高,为 20.2 ℃。

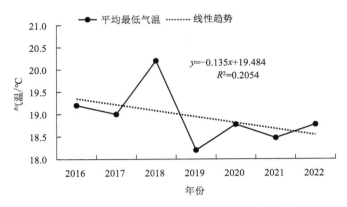

图 6.67 2016—2022 年乌兰淖尔站夏季平均最低气温

2016—2022 年乌兰淖尔站秋季平均最低气温为 4.2 ℃,整体逐年呈下降趋势,线性下降速率为 1.99 ℃/(10 a),年际波动较大(图 6.68)。平均最低气温 2019 年最高,为 5.4 ℃;2018 年最低,为 3.2 ℃。

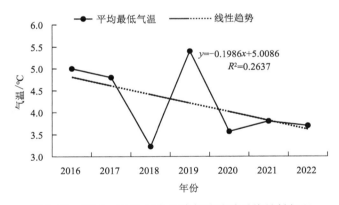

图 6.68 2016—2022 年乌兰淖尔站秋季平均最低气温

2016—2022 年乌兰淖尔站冬季平均最低气温为 −12.6 ℃,整体逐年呈下降趋势,线性下降速率为 0.83 ℃/(10 a),年际波动较大(图 6.69)。平均最低气温 2016 年最高,为 −11.1 ℃;2018 年最低,为 −14.0 ℃。

### 6.5.2.3 极端最低气温

2016—2022 年乌兰淖尔站极端最低气温平均为 −22.9 ℃,整体逐年呈下降趋势,下降速率为 1.61 ℃/(10 a),年际波动较大(图 6.70)。极端最低气温 2021 年最低,为 −26.7 ℃;2017 年最高,为 −20.4 ℃。

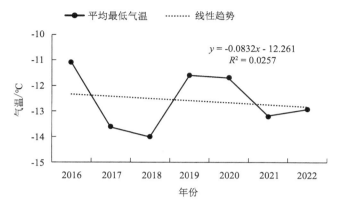

图 6.69　2016—2022 年乌兰淖尔站冬季平均最低气温

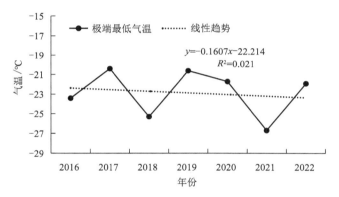

图 6.70　2016—2022 年乌兰淖尔站极端最低气温

#### 6.5.2.4　冷空气过程

2016—2022 年乌兰淖尔站平均冷空气次数为 17 次,整体逐年呈下降趋势,下降速率为 7.5 次/(10 a),年际波动较大(图 6.71)。冷空气次数 2022 年最少,为 14 次;2016 年和 2019 年最多,为 20 次。

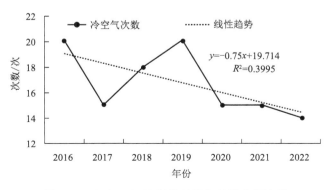

图 6.71　2016—2022 年乌兰淖尔站冷空气次数

2016—2022 年乌兰淖尔站冷空气过程最大降温幅度平均为 14.4 ℃,年际波动较大,2016 年、2018 年、2021 年最大降温幅度在平均值以上,其他年在平均值以下(图 6.72)。最大降温幅度 2016 年和 2018 年最大,为 15.9 ℃;2019 年最小,为 12.6 ℃。

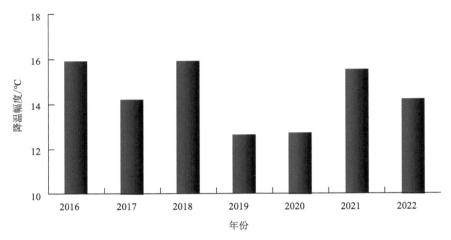

图 6.72　2016—2022 年乌兰淖尔站冷空气过程最大降温幅度

#### 6.5.2.5　霜冻期气温

2016—2022 年乌兰淖尔站霜冻期(9 月—次年 5 月)平均最低气温为 -1.0 ℃,整体呈逐年下降趋势,下降速率为 1.29 ℃/(10 a),年际波动较大(图 6.73)。平均最低气温 2018 年最低,为 -1.9 ℃;2017 年最高,为 -0.4 ℃。

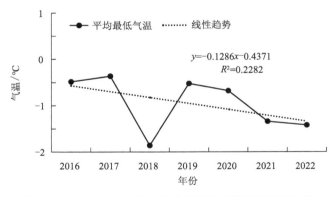

图 6.73　2016—2022 年乌兰淖尔站霜冻期平均最低气温

2016—2022 年乌兰淖尔站霜冻期(9 月—次年 5 月)平均极端最低气温为 -9.3 ℃,整体呈逐年下降趋势,下降速率为 1.0 ℃/(10 a)(图 6.74)。平均极端最低气温 2022 年最低,为 -10.2 ℃;2019 年最高,为 -8.2 ℃。

#### 6.5.2.6　低温冷害

2016—2022 年乌兰淖尔站≥10 ℃活动积温平均值为 4028 ℃·d,逐年呈下降趋势,

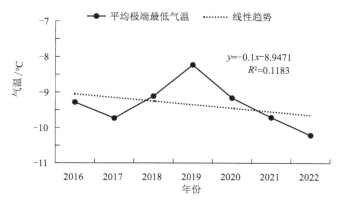

图 6.74    2016—2022 年乌兰淖尔站霜冻期平均极端最低气温

下降速率为 327.8 ℃·d/(10 a),年际波动较大(图 6.75)。≥10 ℃活动积温平均值 2020 年最低,为 3815 ℃·d;2016 年最高,为 4183 ℃·d。

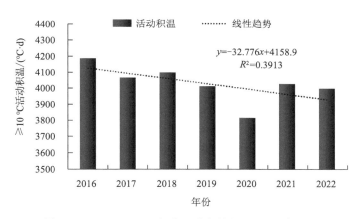

图 6.75    2016—2022 年乌兰淖尔站≥10 ℃活动积温

## 6.5.3    巴音陶亥站

### 6.5.3.1    平均最低气温

2016—2022 年巴音陶亥站平均最低气温为 3.1 ℃,整体呈逐年上升趋势,线性升高速率为 0.61 ℃/(10 a),2019 年以前年际波动不大,以后波动上升(图 6.76)。平均最低气温 2020 年最低,为 2.5 ℃;2021 年最高,为 3.9 ℃。

### 6.5.3.2    四季平均最低气温

2016—2022 年巴音陶亥站春季平均最低气温为 4.4 ℃,整体呈逐年上升趋势,线性升高速率为 0.85 ℃/(10 a),年际波动较大(图 6.77)。平均最低气温 2020 年最低,为 3.5 ℃;2018 年最高,为 6.0 ℃。

2016—2022 年巴音陶亥站夏季平均最低气温为 17.3 ℃,整体变化不大,但年际波动

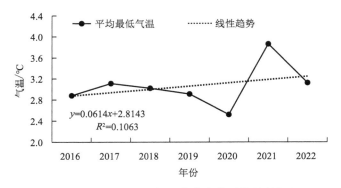

图 6.76  2016—2022 年巴音陶亥站平均最低气温

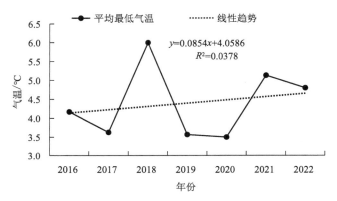

图 6.77  2016—2022 年巴音陶亥站春季平均最低气温

较大,呈"N"形变化(图 6.78)。平均最低气温 2019 年最低,为 16.3 ℃;2018 年最高,为 18.3 ℃。

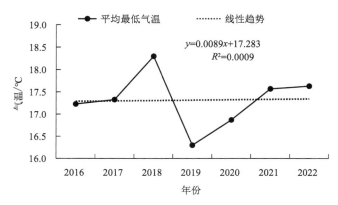

图 6.78  2016—2022 年巴音陶亥站夏季平均最低气温

2016—2022 年巴音陶亥站秋季平均最低气温为 3.3 ℃,整体呈逐年上升趋势,升高速率为 0.93 ℃/(10 a),年际波动较大,呈倒"W"形(图 6.79)。平均最低气温 2018 年最低,为 2.0 ℃;2020 年最高,为 3.8 ℃。

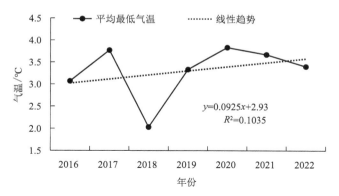

图 6.79　2016—2022 年巴音陶亥站秋季平均最低气温

2016—2022 年巴音陶亥站冬季平均最低气温为－12.3 ℃,整体呈逐年上升趋势,升高速率为 0.03 ℃/(10 a),年际波动较大(图 6.80)。平均最低气温 2018 年最低,为－13.3 ℃;2016 年最高,为－11.5 ℃。

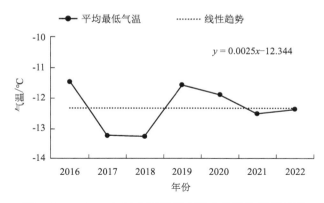

图 6.80　2016—2022 年巴音陶亥站冬季平均最低气温

#### 6.5.3.3　极端最低气温

2016—2022 年巴音陶亥站极端最低气温平均为－23.1 ℃,整体呈逐年下降趋势,下降速率为 1.11 ℃/(10 a),年际波动较大(图 6.81)。极端最低气温 2021 年最低,为－25.9 ℃;2019 年最高,为－20.3 ℃。

#### 6.5.3.4　冷空气过程

2016—2022 年巴音陶亥站平均冷空气次数为 18 次,整体呈逐年下降趋势,下降速率为 0.71 次/(10 a),年际波动较大(图 6.82)。冷空气次数 2016 年和 2020 年最少,均为 15 次;2018 年最多,为 26 次。

2016—2022 年巴音陶亥站冷空气过程最大降温幅度平均为 14.2 ℃,年际波动较大,2016 年、2017 年、2018 年、2020 年最大降温幅度在平均值以上,其他年份在平均值以下(图 6.83)。最大降温幅度 2016 年最大,为 17.2 ℃;2021 年最小,为 12.0 ℃。

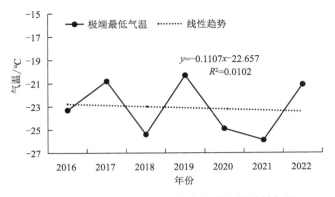

图 6.81 2016—2022 年巴音陶亥站极端最低气温

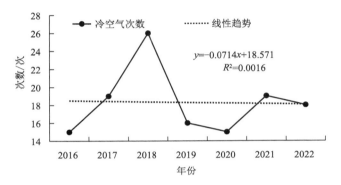

图 6.82 2016—2022 年巴音陶亥站冷空气次数

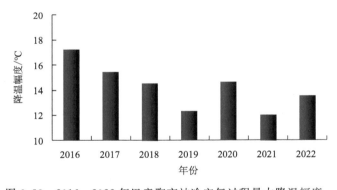

图 6.83 2016—2022 年巴音陶亥站冷空气过程最大降温幅度

#### 6.5.3.5 霜冻期气温

2016—2022 年巴音陶亥站霜冻期(9 月—次年 5 月)平均最低气温为 −1.6 ℃,整体呈逐年上升趋势,升高速率为 0.37 ℃/(10 a)(图 6.84)。平均最低气温 2018 年最低,为 −2.56℃;2017 年最高,为 −1.2 ℃。

2016—2022 年巴音陶亥站霜冻期(9 月—次年 5 月)平均极端最低气温为 −10.3 ℃,整体呈逐年上升趋势,升高速率为 0.91 ℃/(10 a)(图 6.85)。平均极端最低气温 2016 年最低,为 −10.7 ℃;2019 年最高,为 −9.3 ℃。

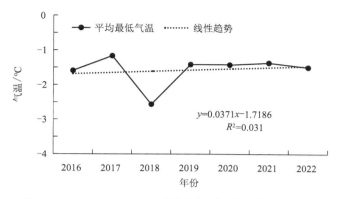

图 6.84　2016—2022 年巴音陶亥站霜冻期平均最低气温

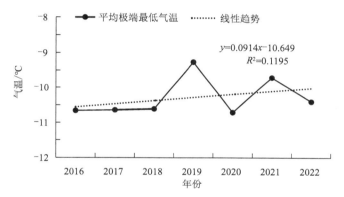

图 6.85　2016—2022 年巴音陶亥站霜冻期平均极端最低气温

**6.5.3.6　低温冷害**

2016—2022 年巴音陶亥站≥10 ℃活动积温平均为 3761 ℃·d,呈逐年下降趋势,下降速率为 91.5 ℃·d/(10 a),年际波动较大(图 6.86)。≥10 ℃活动积温平均值 2020 年最低,为 3569 ℃·d;2022 年最高,为 3854 ℃·d。

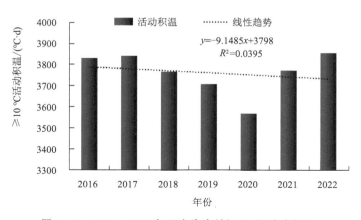

图 6.86　2016—2022 年巴音陶亥站≥10 ℃活动积温

#### 6.5.4 超限检查站

##### 6.5.4.1 平均最低气温

2016—2022年超限检查站平均最低气温为5.1 ℃,整体呈逐年上升趋势,线性升高速率为0.48 ℃/(10 a),2019年以前年际波动不大,以后年际波动增大(图6.87)。平均最低气温2020年最低,为4.8 ℃;2021年最高,为5.8 ℃。

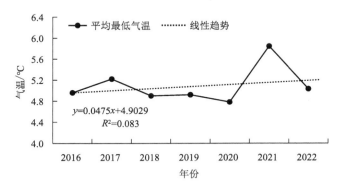

图6.87 2016—2022年超限检查站平均最低气温

##### 6.5.4.2 四季平均最低气温

2016—2022年超限检查站春季平均最低气温为6.4 ℃,整体呈逐年上升趋势,线性升高速率为0.75 ℃/(10 a),年际波动较大,呈"W"形(图6.88)。平均最低气温2019年最低,为5.5 ℃;2018年最高,为7.9 ℃。

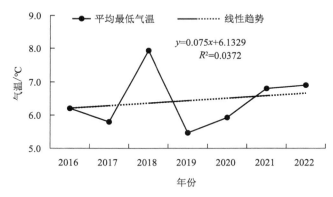

图6.88 2016—2022年超限检查站春季平均最低气温

2016—2022超限检查站夏季平均最低气温为19.1 ℃,整体呈逐年上升趋势,线性升高速率为0.77 ℃/(10 a),年际波动较大,呈"V"形(图6.89)。平均最低气温2019年最低,为18.3 ℃;2021年最高,为19.5 ℃。

2016—2022年超限检查站秋季平均最低气温为5.1 ℃,整体呈逐年上升趋势,线性升高速率为0.18 ℃/(10 a),年际波动较大(图6.90)。平均最低气温2018年最低,为

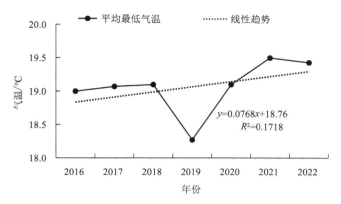

图 6.89　2016—2022 年超限检查站夏季平均最低气温

4.0 ℃;2019 年最高,为 5.8 ℃。

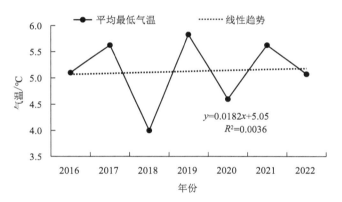

图 6.90　2016—2022 年超限检查站秋季平均最低气温

2016—2022 年超限检查站冬季平均最低气温为 −10.0 ℃,整体呈逐年下降趋势,线性下降速率为 0.72 ℃/(10 a),年际波动较大(图 6.91)。平均最低气温 2018 年最低,为 −11.5 ℃;2016 年最高,为 −8.7 ℃。

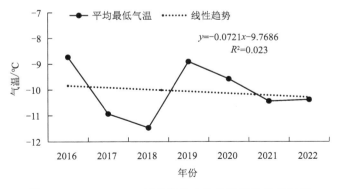

图 6.91　2016—2022 年超限检查站冬季平均最低气温

#### 6.5.4.3　极端最低气温

2016—2022 年超限检查站极端最低气温平均为 $-21.3$ ℃,整体呈逐年下降趋势,下降速率为 1.43 ℃/(10 a),年际波动较大(图 6.92)。极端最低气温 2021 年最低,为 $-24.0$ ℃;2017 年最高,为 $-18.2$ ℃。

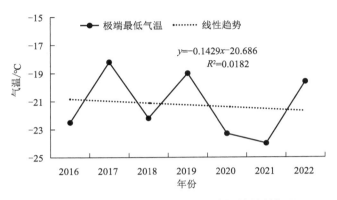

图 6.92　2016—2022 年超限检查站极端最低气温

#### 6.5.4.4　冷空气过程

2016—2022 年超限检查站平均冷空气过程为 15 次,整体呈逐年上升趋势,升高速率为 1.79 次/(10 a),年际波动较大(图 6.93)。冷空气次数 2020 年最少,为 8 次;2018 年最多,为 20 次。

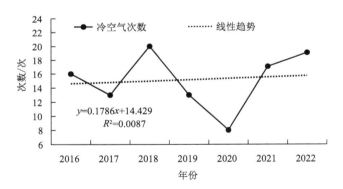

图 6.93　2016—2022 年超限检查站冷空气次数

2016—2022 年超限检查站冷空气过程最大降温幅度平均为 13.5 ℃,年际波动较大,2016 年、2018 年、2022 年最大降温幅度在平均值以上,其他年份在平均值以下(图 6.94)。最大降温幅度 2022 年最大,为 16.3 ℃;2019 年最小,11.3 ℃。

#### 6.5.4.5　霜冻期气温

2016—2022 年超限检查站霜冻期(9 月—次年 5 月)平均最低气温为 0.5 ℃,整体呈逐年下降趋势,降低速率为 0.16 ℃/(10 a),年际波动较大(图 6.95)。平均最低气温 2018 年最低,为 $-0.7$ ℃;2019 年最高,为 1.0 ℃。

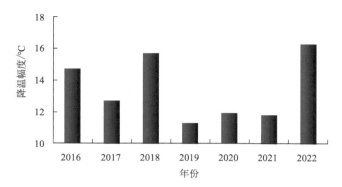

图 6.94　2016—2022 年超限检查站冷空气过程最大降温幅度

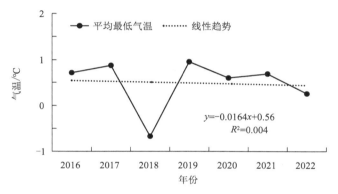

图 6.95　2016—2022 年超限检查站霜冻期平均最低气温

2016—2022 超限检查站年霜冻期（9 月—次年 5 月）平均极端最低气温为 −7.7 ℃，整体呈逐年下降趋势，降低速率为 0.02 ℃/（10 a），年际波动较大（图 6.96）。平均极端最低气温 2022 年最低，为 −8.6 ℃；2019 年最高，为 −6.4 ℃。

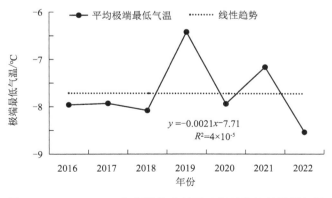

图 6.96　2016—2022 年超限检查站霜冻期平均极端最低气温

#### 6.5.4.6 低温冷害

2016—2022年超限检查站≥10 ℃活动积温平均值为4129 ℃·d,呈逐年上升趋势,上升速率为113.8 ℃·d/(10 a),年际波动较大(图6.97)。≥10 ℃活动积温平均值2020年最低,为3956 ℃·d;2022年最高,为4261 ℃·d。

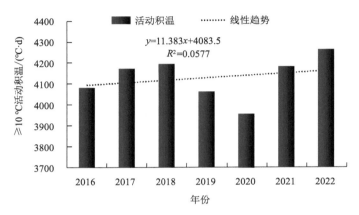

图6.97 2016—2022年超限检查站≥10 ℃活动积温变化

### 6.5.5 小结

(1)三区中滨河、巴音陶亥、超限检查站2016—2022年年平均最低气温呈线性上升趋势,巴音陶亥最快,升高速率为0.61 ℃/(10 a),滨河最慢,为0.03 ℃/(10 a),乌兰淖尔呈降低趋势。年平均最低气温滨河最高,为5.2 ℃;其次为超限检查站;巴音陶亥最低,为3.1 ℃。四个测站均是2021年平均最低气温最高,除了乌兰淖尔是2022年最低外,其他测站均是2019年最低。

(2)春季、夏季、秋季年平均最低气温乌兰淖尔、滨河呈下降趋势,巴音陶亥、超限检查站呈升高趋势;冬季乌兰淖尔、超限检查站呈下降趋势,滨河、巴音陶亥呈升高趋势。四季均是乌兰淖尔下降最快,春季、秋季巴音陶亥升高最快,夏季超限检查站升高最快,冬季滨河升高最快,逐年变化波动均较大。

年平均最低气温滨河、乌兰淖尔、巴音陶亥春季、夏季为2018年最高;超限检查站春季2018年最高,夏季2021年最高;滨河、乌兰淖尔、超限检查站秋季2019年最高,巴音陶亥秋季2020年最高;四个站冬季均是2016年最高。滨河、乌兰淖尔、巴音陶亥春季2020年最低,超限检查站2019年最低;四个站夏季均是2019年最低,秋季、冬季均是2018年最低。

(3)乌兰淖尔、巴音陶亥、超限检查站逐年极端最低气温均呈下降趋势,乌兰淖尔下降速率最快,为0.16 ℃/(10 a);滨河呈升高趋势,升高速率为0.86 ℃/10 a;逐年变化波动较大。极端最低气温乌兰淖尔最低,为-26.7 ℃;滨河最高,为-22.2 ℃。

(4)滨河、乌兰淖尔、巴音陶亥逐年冷空气次数呈减少趋势,滨河、乌兰淖尔下降速率达7.5次/(10 a),超限检查站呈增多趋势,巴音陶亥平均冷空气次数最多,滨河最少。平均最大降温幅度乌兰淖尔最大,为 14.4 ℃;滨河最小,为 12.9 ℃,但极端最大降温幅度出现在巴音陶亥,为 17.2 ℃。

(5)滨河、巴音陶亥霜冻期平均气温和平均最低气温均呈逐年升高趋势,乌兰淖尔、超限检查站霜冻期平均气温和平均最低气温均呈逐年下降趋势。霜冻期平均气温和平均最低气温均滨河最高,分别为 0.1 ℃ 和 −6.8 ℃;巴音陶亥均最低,分别为 −1.6 ℃和 −10.3 ℃。

(6)滨河、乌兰淖尔、巴音陶亥 ≥10 ℃的活动积温平均值呈下降趋势,乌兰淖尔下降速率最快,为 327.8 ℃·d/(10 a),超限检查站呈上升趋势。滨河 ≥10 ℃的活动积温平均值最大,为 4142 ℃·d,巴音陶亥最小,为 3761 ℃·d,其他两个测站均在 4000 ℃·d 以上。

# 6.6 雷电

为了确保乌海闪电定位信息的准确性和地闪数据的可靠性,结合周边盟市(巴彦淖尔市和鄂尔多斯市)的闪电定位数据,采用 IEEE 工业组文件“IEEE Guide for Improving the Lightning Performance of Transmission Lines”(IEEE Std—1997)对回击电流幅值定义为 2~200 kA 以及《雷电灾害风险区划技术指南》(AX/T 405—2017)中“剔除电流幅值为 0~2 kA 和 200 kA 以上的闪电定位系统资料”的数据处理方法,将 2014—2020 年乌海市地闪数据中电流幅值大于 200 kA 和小于 2 kA 的闪电剔除。最后统计出 2014—2020 年乌海市发生的地闪频次数据,共得到有效地闪数据 1209 条。

## 6.6.1 海勃湾区地闪特征

统计 2014—2020 年海勃湾区发生的地闪频次数据,共得到有效地闪数据 308 条。2014—2020 年海勃湾区共发生电流强度绝对值在 2~200 kA 的地闪 308 次,其中正地闪 73 次,占 23.7%,负地闪 235 次,占 76.3%。图 6.98 给出了 2014—2020 年海勃湾区地闪频次分布,从图中可以看出,海勃湾区 2018 年发生地闪频次最多,为 100 次,2014 年发生地闪频次最少,为 6 次。

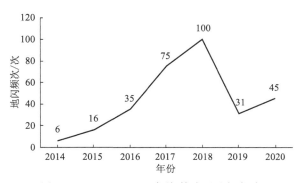

图 6.98　2014—2020 年海勃湾区地闪频次

图 6.99 给出了 2014—2020 年海勃湾区地闪频次逐年分布特征,从图中可以看出,2014—2020 年历年发生负地闪频次都超过正地闪。

图 6.99　2014—2020 年海勃湾区地闪频次

图 6.100 给出了 2014—2020 年海勃湾区各月平均地闪频次分布,从图中可以看出,地闪活动主要集中在 7—8 月,其次是 6 月和 9 月,这与 1961—2013 年海勃湾区雷暴日数据分析结论一致。

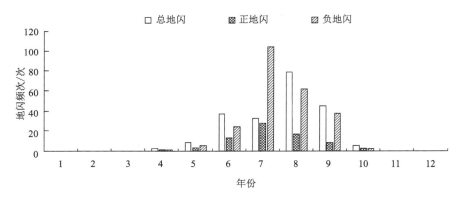

图 6.100　2014—2020 年海勃湾区各月平均地闪频次

图 6.101 给出了 2014—2020 年海勃湾区地闪频次日分布,从图中可以看出,海勃湾区地闪日分布呈现"多峰多谷"现象,峰值依次出现在 04—06 时、09—10 时、14—15 时、17—18 时、22—23 时,谷值出现在 02—04 时、08—09 时、11—13 时以及 19—21 时。

图 6.102 给出了 2014—2020 年海勃湾区地闪频次电流强度分布,从图中可以看出,海勃湾区发生的地闪电流强度主要集中在 15～40 kA,占总地闪的 67.53%,其中电流强度在 30～35 kA 范围内发生的频次最多,占 16.9%。电流强度超过 100 kA 的地闪共发生了 10 次,占 3.24%。

表 6.1 显示了海勃湾区 2014—2020 年平均电流强度,从表中可以看出,正地闪平均电流强度大于负地闪和总地闪平均电流强度,除 2015 年、2017 年两年,其他各年份正地

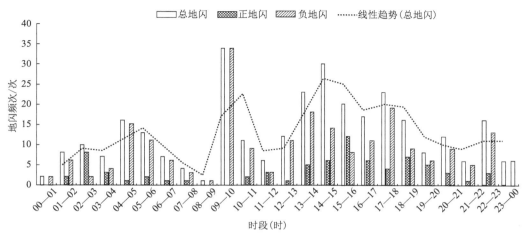

图 6.101　2014—2020 年海勃湾区地闪频次日分布

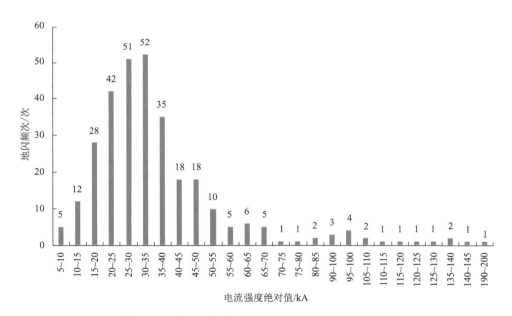

图 6.102　2014—2020 年海勃湾区地闪电流强度分布

闪平均电流强度均高于负地闪平均电流强度,除 2014 年外负地闪平均电流强度与总地闪电流强度相近。2014 年总地闪电流强度值较高,处于峰值,其他各年份总地闪电流强度变化较平稳,在 35 kA 附近波动。

表 6.1　2014—2020 年海勃湾区地闪平均电流强度　　　　　　单位:kA

| | | 负地闪 | 正地闪 | 总地闪 |
|---|---|---|---|---|
| 年份 | 2014 | 67.73 | 115.43 | 91.58 |

续表

|  | | 负地闪 | 正地闪 | 总地闪 |
|---|---|---|---|---|
| 年份 | 2015 | 36.38 | 16.38 | 31.38 |
| | 2016 | 27.76 | 57.68 | 32.04 |
| | 2017 | 37.77 | 36.24 | 37.52 |
| | 2018 | 32.39 | 56.08 | 36.89 |
| | 2019 | 26.62 | 45.65 | 34.60 |
| | 2020 | 32.29 | 45.90 | 37.43 |
| 平均值 | | 37.28 | 53.34 | 43.06 |

　　图 6.103 中显示了 2014—2020 年海勃湾区地闪电流强度月际变化,从图中可以看出,地闪电流强度随着逐渐进入汛期的时间缓慢升高,峰值出现在 10 月。9 月正、负地闪电流强度与总地闪电流强度相近,其余各月正地闪电流强度都大于负地闪和总地闪,4—7 月正地闪电流强度变化较平稳,8—10 月出现忽高忽低变化较明显。

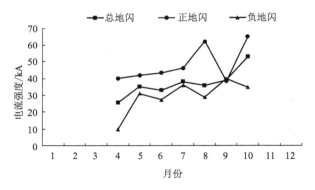

图 6.103　2014—2020 年海勃湾区地闪电流强度逐月分布

　　图 6.104 显示了 2014—2020 年海勃湾区地闪电流强度日分布,可以看出,总地闪电流强度各时段相差较小,在 20～40 kA 区间内波动,变化较平稳,峰值出现在 21—22 时,平均电流强度为 57.38 kA,谷值出现在 08—09 时,平均电流强度为 21.8 kA。正地闪平均电流强度变化起伏较为明显,峰值出现在 04—05 时,强度为 114.5 kA,谷值出现在 00—01 时、08—09 时、09—10 时和 23—00 时,强度为 0,回击过程没有正地闪。负地闪平均电流强度变化平稳,峰值出现在 21—22 时,强度为 47.46 kA,谷值出现在 22—23 时,强度为 22.9 kA。

　　表 6.2 显示了 2014—2020 年海勃湾区总地闪、正地闪、负地闪平均陡度,总地闪平均陡度为 9.79 kA/μs,正地闪平均陡度为 7.58 kA/μs,负地闪平均陡度为 10.57 kA/μs。除 2016、2019 年两年外,负地闪平均陡度均大于总地闪平均陡度。

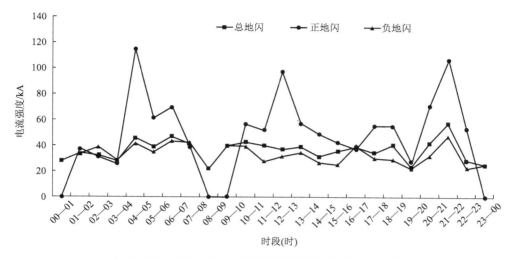

图 6.104　2014—2020 年海勃湾区地闪电流强度日变化

表 6.2　2014—2020 年海勃湾区地闪陡度　　　　　　　　单位：kA/μs

| 年份 | | 负地闪 | 正地闪 | 总地闪 |
|---|---|---|---|---|
| | 2014 | 19.33 | 20.70 | 20.02 |
| | 2015 | 13.26 | 1.73 | 10.38 |
| | 2016 | 8.51 | 11.34 | 8.91 |
| | 2017 | 7.75 | 3.91 | 7.14 |
| | 2018 | 8.09 | 4.98 | 7.50 |
| | 2019 | 6.73 | 7.33 | 6.98 |
| | 2020 | 10.32 | 3.06 | 7.58 |
| 平均值 | | 10.57 | 7.58 | 9.79 |

　　图 6.105 显示了 2014—2020 年度海勃湾区总地闪、正地闪、负地闪陡度月际变化，可以看出，负地闪、总地闪平均陡度呈现单峰单谷分布，正地闪平均陡度呈现双峰双谷分布且起伏变化较明显。4 月负地闪平均陡度要小于正地闪和总地闪，其余各月均为负地闪平均陡度大于正地闪和总地闪陡度。

　　图 6.106 显示了 2014—2020 年海勃湾地区总地闪、正地闪、负地闪一天中各时段平均陡度，从图中可以看出，总地闪、负地闪陡度变化较一致，呈现多峰多谷的分布特征，最高峰值出现在 20—21 时，分别为 13.37 kA/μs、16.1 kA/μs。正地闪平均陡度变化起伏较为明显，峰值出现在 12—13 时，平均陡度 31.9 kA/μs，谷值出现在 00—01 时、04—05时、08—09 时、09—10 时、19—20 时、23—00 时，该时段回击过程没有正地闪，负地闪陡度为 0。

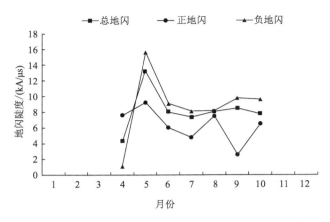

图 6.105 2014—2020 年海勃湾区地闪陡度月际变化

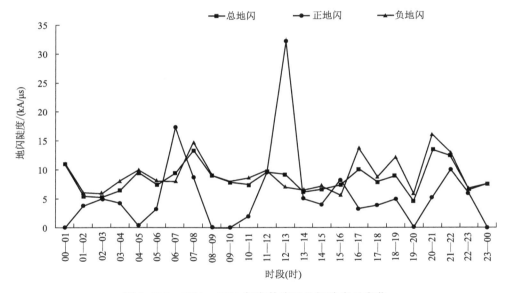

图 6.106 2014—2020 年海勃湾区地闪陡度日变化

图 6.107 为海勃湾区 2014—2020 年地闪密度空间分布,从图中可以看出,海勃湾区地闪密度为 0.06 ～0.097 次/(km² · a),整体呈现"南高北低",东南部地闪密度较高,北部较低,西南部地闪密度最低。

图 6.108 为海勃湾区 2014—2020 年地闪电流强度空间分布,从图中可以看出,电流强度(绝对值)为 6.24～184.41 kA,电流强度较大值呈散点分布,主要出现在海勃湾区中部和西部边缘,其余大部分电流强度都较低。

图 6.107　2014—2020 年海勃湾区地闪密度空间分布

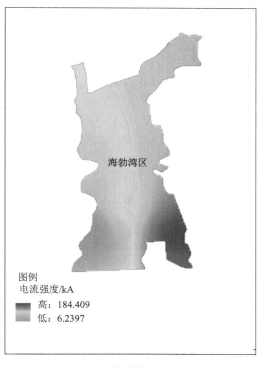

图 6.108　2014—2020 年海勃湾区地闪电流强度空间分布

### 6.6.2 乌达区地闪特征分析

统计了 2014—2020 年乌达区发生的地闪频次数据,共得到有效地闪数据 93 条。2014—2020 年乌达区共发生电流强度绝对值在 2~200 kA 地闪 93 次,其中正地闪 20 次,占 21.5%;负地闪 73 次,占 78.49%。图 6.109 为乌达区 2014—2020 年地闪频次分布,从图中可以看出,乌达区 2018 年发生地闪频次最多,为 30 次;2015 年发生地闪频次最少,为 3 次。

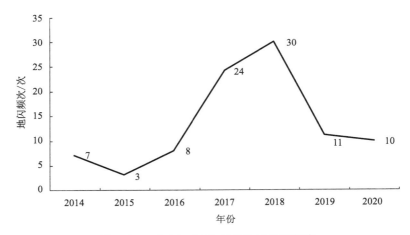

图 6.109 2014—2020 年乌达区地闪频次

图 6.110 为乌达区 2014—2020 年正、负地闪频次分布,从图中可以看出,除 2014 年,其他年份发生负地闪频次都要超过正地闪。

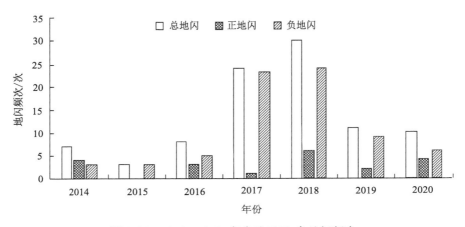

图 6.110 2014—2020 年乌达区正、负地闪频次

图 6.111 为乌达区 2014—2020 年正、负地闪频次月分布,从图中可以看出,地闪活动主要集中在 7—8 月,其次是 6 月和 9 月,这与 1961—2013 年乌达区雷暴日数据分析结论一致。

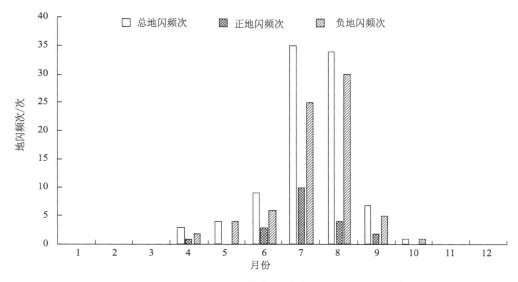

图 6.111　2014—2020 年乌达区正、负地闪频次月际分布

　　图 6.112 为乌达区 2014—2020 年地闪频次日分布,从图中可以看出,乌达区地闪日分布呈现"多峰多谷"现象,峰值依次出现在 02—03 时、09—11 时、14—15 时、17—18 时,谷值出现在 07—08 时、12—13 时、16—17 时、19—20 时和 21—22 时。

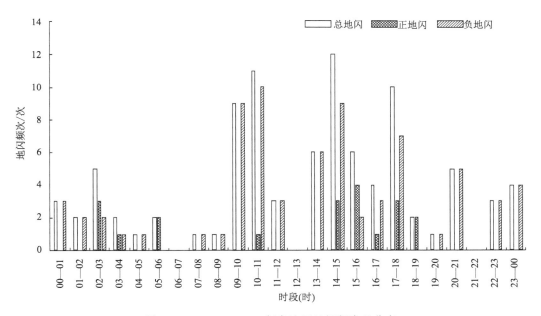

图 6.112　2014—2020 年乌达区地闪频次日分布

　　图 6.113 为乌达区 2014—2020 年地闪频次电流强度分布,从图中可以看出,乌达区发生的地闪电流强度主要集中在 15～35 kA,占总地闪 54.84%,其中电流强度为 20～25 kA 的频次最多,占 21.5%。电流强度超过 100 kA 的地闪共发生了 5 次,占 5.38%。

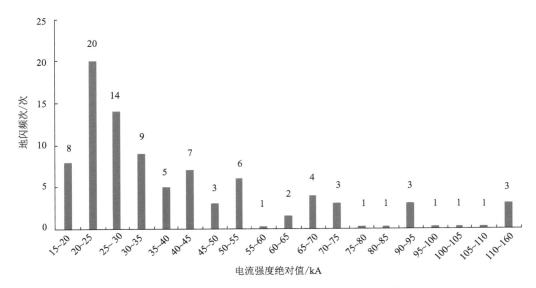

图 6.113　乌达区 2014—2020 年地闪频次电流强度分布

　　表 6.3 显示了 2014—2020 年乌达区总地闪、正地闪、负地闪平均电流强度,总地闪平均电流强度 47.97 kA,正地闪平均电流强度 51.42 kA,负地闪平均电流强度 42.46 kA。2015—2017 年正地闪平均电流强度小于负地闪平均电流强度,其余各年份正地闪平均电流强度均大于负地闪。

表 6.3　2014—2020 年乌达区地闪平均电流强度　　　　　　　　　　单位:kA

| | | 负地闪 | 正地闪 | 总地闪 |
|---|---|---|---|---|
| 年份 | 2014 | 63.97 | 102.53 | 86.00 |
| | 2015 | 43.40 | 0 | 43.40 |
| | 2016 | 55.82 | 38.03 | 49.15 |
| | 2017 | 43.94 | 23.00 | 43.07 |
| | 2018 | 30.36 | 59.33 | 36.15 |
| | 2019 | 29.68 | 87.45 | 40.18 |
| | 2020 | 30.04 | 49.60 | 37.86 |
| 平均值 | | 42.46 | 51.42 | 47.97 |

　　图 6.114 显示了 2014—2020 年乌达区总地闪、正地闪、负地闪平均电流强度月分布,从图中可以看出,总地闪、负地闪平均电流强度变化趋势较一致,呈现单峰双谷的分布特点,峰值出现在 7 月,分别为 41.69 kA、41.63 kA。正地闪平均电流强度呈现双峰双谷的分布特点,起伏较明显,峰值出现在 8 月,强度为 73.3 kA,谷值出现在 5 月和 10 月该时段没有发生正地闪回击事件,因此,正地闪平均电流强度为 0。

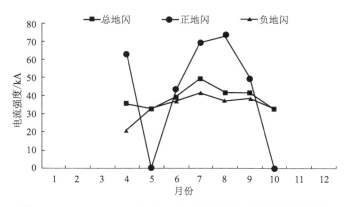

图 6.114　2014—2020 年乌达区地闪平均电流强度月际分布

　　图 6.115 显示了 2014—2020 年度乌达区总地闪、正地闪、负地闪电流强度日分布,可以看出,日分布整体呈现多峰多谷分布。总地闪平均电流强度峰值出现在 08—09 时,强度为 143.2 kA;次峰值出现在 03—04 时、17—18 时两个时段,强度分别为 55.2 kA、44.61 kA。谷值出现在 06—07 时、12—13 时、21—22 时三个时段,期间没有发生闪电回击。

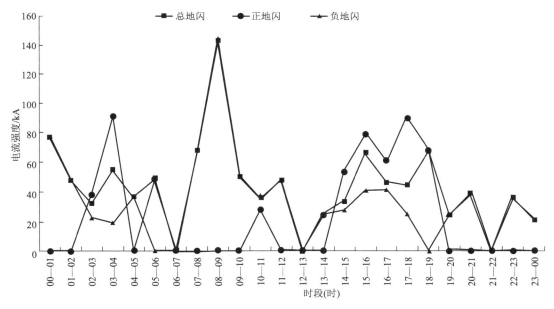

图 6.115　2014—2020 年乌达区地闪平均电流强度日变化

　　表 6.4 显示了 2014—2020 年乌达区总地闪、正地闪、负地闪平均陡度,总地闪平均陡度为 10.76 kA/μs,正地闪平均陡度为 6.68 kA/μs,负地闪平均陡度为 11.48 kA/μs。2014 年负地闪平均陡度小于正地闪平均陡度,其他各年负地闪平均陡度均大于总地闪平均陡度。

表 6.4　　2014—2020 年乌达区地闪陡度　　　　　　　　　　单位：kA/μs

| | 年份 | 负地闪 | 正地闪 | 总地闪 |
|---|---|---|---|---|
| 年份 | 2014 | 17.80 | 18.65 | 18.29 |
| | 2015 | 11.70 | 0 | 11.70 |
| | 2016 | 12.88 | 7.1 | 10.71 |
| | 2017 | 11.54 | 5.4 | 11.29 |
| | 2018 | 8.55 | 4.4 | 7.72 |
| | 2019 | 9.71 | 7.9 | 9.38 |
| | 2020 | 8.18 | 3.3 | 6.23 |
| 平均值 | | 11.48 | 6.68 | 10.76 |

图 6.116 中显示了 2014—2020 年乌达区总地闪、正地闪、负地闪陡度月际变化,从图中可以看出,总地闪平均陡度变化幅度较小,正地闪、负地闪平均陡度起伏明显,5 月、10 月两次回击过程没有正地闪,正地闪陡度为 0。

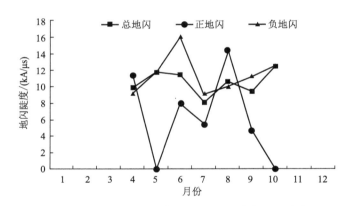

图 6.116　2014—2020 年乌达区地闪陡度月际分布

图 6.117 显示了 2014—2020 年乌达区总地闪、正地闪、负地闪一天中各时段平均陡度,从图中可以看出,总地闪、负地闪陡度变化较一致,呈现多峰多谷分布,最高峰值出现在 07—08 时(41.1 kA/μs)。正地闪平均陡度起伏较为明显,峰值出现在 03—04 时,平均陡度为 28.4 kA/μs,谷值出现在 00—01 时、01—02 时、04—05 时、07—10 时、19—21时、22—00 时,负地闪陡度为 0。06—07 时、12—13 时、21—22 时三个时段总地闪、正地闪、负地闪陡度均为 0。

图 6.118 为乌达区 2014—2020 年地闪密度空间分布,从图中可以看出,乌达区地闪密度为 0.06～0.076 次/(km² · a),整体呈现"南高北低",南部地闪密度较高,北部较低,西南部地闪密度最高。

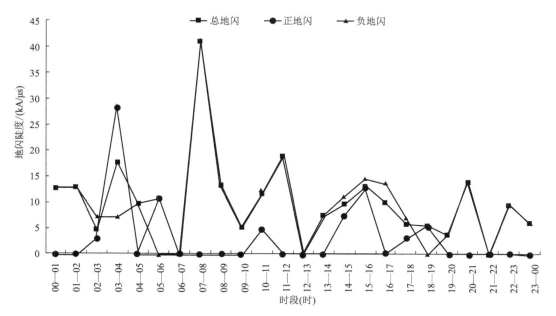

图 6.117　2014—2020 年乌达区地闪陡度日分布

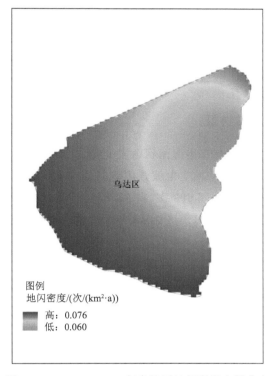

图 6.118　2014—2020 年乌达区地闪密度空间分布

图 6.119 为乌达区 2014—2020 年地闪电流强度空间分布,从图中可以看出,电流强

度(绝对值)为 17.0～153.59 kA,电流强度较大值呈散点分布,主要出现在乌达区中部和西部边缘,其余大部分地区电流强度都较低。

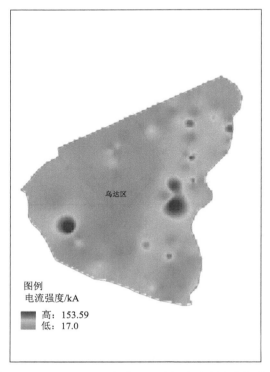

图 6.119　2014—2020 年乌达区地闪电流强度空间分布

### 6.6.3　海南区地闪分布特征

图 6.120 统计了 2014—2020 年海南区发生的地闪频次数据,共得到有效地闪数据 808 条。2014—2020 年海南区共发生电流强度绝对值在 2～200 kA 的地闪 808 次,其中正地闪 115 次,占 14.23%;负地闪 693 次,占 85.8%。图 6.120 为海南区 2014—2020 年地闪频次分布,从图中可以看出,海南区 2018 年发生地闪数量最多,为 249 次;2014 年发生地闪频次最少,为 23 次。

图 6.121 为海南区 2014—2020 年正、负地闪频次年际分布,从图中可以看到,2014—2020 年历年发生负地闪频次都要超过正地闪。

图 6.122 为海南区 2014—2020 年正、负地闪频次月际分布,从图中可以看出,地闪活动主要集中在 7—8 月,其次是 6 月和 9 月,这与 1961—2013 年海南区雷暴日数据分析结论一致。

图 6.123 为海南区 2014—2020 年地闪频次日分布,从图中可以看出,海南区地闪日分布呈现多峰多谷,峰值依次出现在 05—06 时、10—12 时、15—18 时、23 时—次日 01 时,谷值出现在 03—04 时、07—08 时、13—14 时以及 21—22 时。

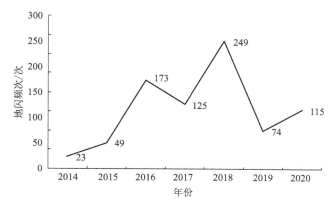

图 6.120　2014—2020 年海南区地闪频次分布

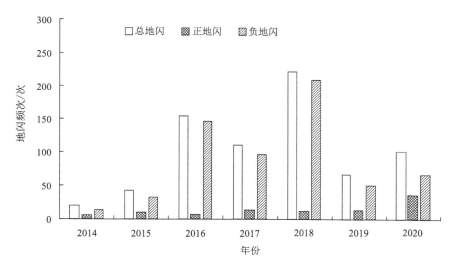

图 6.121　2014—2020 年海南区正、负地闪频次分布

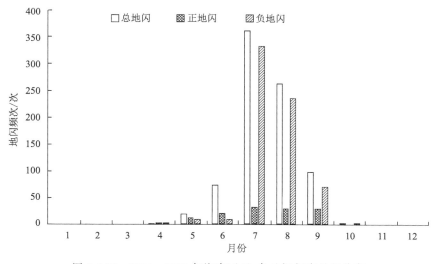

图 6.122　2014—2020 年海南区正、负地闪频次月际分布

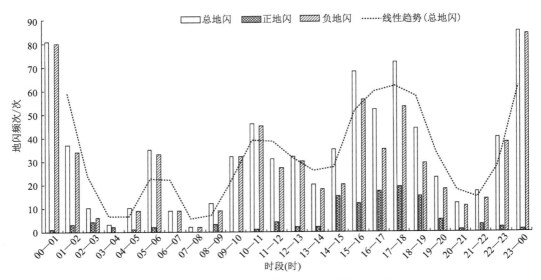

图 6.123　2014—2020 年海南区地闪频次日分布

图 6.124 为海南区 2014—2020 年地闪频次电流强度分布,从图中可以看出,海南地区发生的地闪电流强度主要集中在 25~50 kA,占总地闪的 64.98%,其中电流强度在 30~35 kA 范围内发生的频次最多,占 16.689%。电流强度超过 100 kA 的地闪共发生了 24 次,占 2.97%。

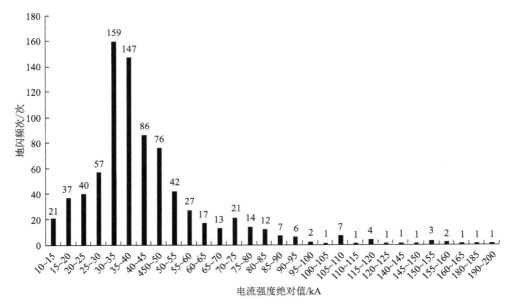

图 6.124　2014—2020 年海南区地闪电流强度频次分布

表 6.5 显示了 2014—2020 年海南区总地闪、正地闪、负地闪平均电流强度。从表中可以看出,总地闪平均电流强度 47.31 kA,大于乌海市平均电流强度(46.41 kA)。正地

闪平均电流强度 67.69 kA,大于乌海市正地闪平均电流强度(62.4 kA),各年正地闪平均电流强度均大于负地闪。负地闪平均电流强度 42.10 kA,大于乌海市负地闪平均电流强度(41.19 kA)。

表 6.5　2014—2020 年海南区地闪平均电流强度　　　　　　　　　　单位:kA

| | | 负地闪 | 正地闪 | 总地闪 |
|---|---|---|---|---|
| 年份 | 2014 | 71.73 | 92.94 | 78.18 |
| | 2015 | 37.92 | 78.69 | 47.08 |
| | 2016 | 47.05 | 58.08 | 47.62 |
| | 2017 | 38.53 | 81.04 | 43.97 |
| | 2018 | 41.86 | 55.63 | 42.63 |
| | 2019 | 31.66 | 60.85 | 38.37 |
| | 2020 | 25.95 | 46.59 | 33.31 |
| 平均值 | | 42.10 | 67.69 | 47.31 |

　　图 6.125 显示了 2014—2020 年海南区总地闪、正地闪、负地闪平均电流强度月际变化,从图中可以看出,总地闪、负地闪电流强度变化趋势较一致,峰值出现在 10 月,谷值出现在 6 月。10 月负地闪电流强度大于正地闪电流强度,其余各月正地闪电流强度都大于负地闪和总地闪。

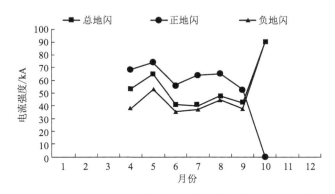

图 6.125　2014—2020 年海南区地闪平均电流强度月际分布

　　图 6.126 显示了 2014—2020 年海南区总地闪、正地闪、负地闪电流强度日分布,可以看出,总地闪和负地闪的电流强度各时段相差较小,均在 30~60 kA 区间内波动,变化较平稳,起伏变化较一致。总地闪峰值出现在 03—04 时,平均电流强度 63.53 kA,谷值出现在 20—21 时,平均电流强度 29.42 kA。负地闪峰值出现在 23—00 时,平均电流强度 53.09 kA,谷值出现在 20—21 时,平均电流强度 27.45 kA。正地闪平均电流强度起伏较为明显,峰值出现在 23—00 时,强度为 150 kA;谷值出现在 06—07 时、07—08 时、

09—10 时三个时段,强度为 0,即回击过程没有正地闪。

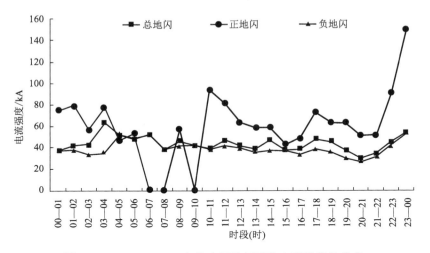

图 6.126　2014—2020 年海南区地闪平均电流强度日分布

　　表 6.6 显示了 2014—2020 年海南区总地闪、正地闪、负地闪平均陡度,总地闪平均陡度 20.35 kA/μs,正地闪平均陡度 8.39 kA/μs,负地闪平均陡度 24.79 kA/μs。各年负地闪平均陡度均大于总地闪和正地闪平均陡度。

表 6.6　2014—2020 年海南区地闪陡度　　　　单位:kA/μs

| | | 负地闪 | 正地闪 | 总地闪 |
|---|---|---|---|---|
| 年份 | 2014 | 104.78 | 14.99 | 77.45 |
| | 2015 | 12.92 | 7.25 | 11.65 |
| | 2016 | 15.50 | 8.44 | 15.14 |
| | 2017 | 10.56 | 7.86 | 10.21 |
| | 2018 | 12.00 | 6.50 | 11.70 |
| | 2019 | 8.40 | 8.96 | 8.53 |
| | 2020 | 9.40 | 4.74 | 7.74 |
| 平均值 | | 24.79 | 8.39 | 20.35 |

　　图 6.127 显示了 2014—2020 年度海南区总地闪、正地闪、负地闪陡度月际分布,可以看出,负地闪、总地闪平均陡度起伏趋势一致,正地闪平均陡度起伏较明显。4 月负地闪平均陡度要小于正地闪和总地闪,其余各月均为负地闪平均陡度大于正地闪和总地闪陡度。10 月出现正地闪陡度为 0,总地闪和负地闪陡度处于峰值,平均陡度为 21.3 kA/μs。

　　图 6.128 显示了 2014—2020 年海南区总地闪、正地闪、负地闪一天中各时段平均陡度分布,从图中可以看出,总地闪、负地闪陡度变化较一致,呈正态分布,最高峰值出现在

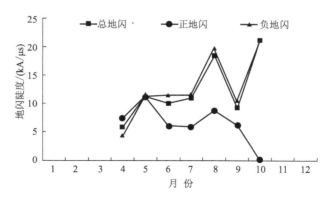

图 6.127　2014—2020 年海南区地闪陡度月分布

08—09 时,分别为 113.58 kA/μs、149.32 kA/μs。正地闪平均陡度起伏较为平缓,峰值出现在 23—00 时,平均陡度 23.4 kA/μs,谷值出现在 06—07 时、07—08 时、09—10 时、20—21 时,该时段回击过程没有正地闪,负地闪陡度为 0。

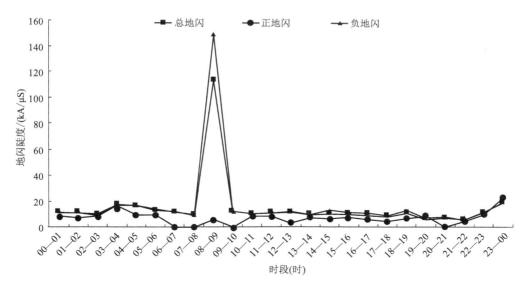

图 6.128　2014—2020 年海南区地闪陡度日变化

图 6.129 为海南区 2014—2020 年地闪密度空间分布,从图中可以看出,海南区地闪密度为 0.069 ~0.114 次/(km² · a),整体呈现南高北低分布态势,南部地闪密度较高,北部较低,西南部地闪密度最高。

图 6.130 为海南区 2014—2020 年地闪电流强度空间分布,从图中可以看出,电流强度(绝对值)为 13.25~157.792 kA,电流强度较大值呈散点分布,主要出现在海南区中部和西部边缘,其余大部分地区电流强度都较低。

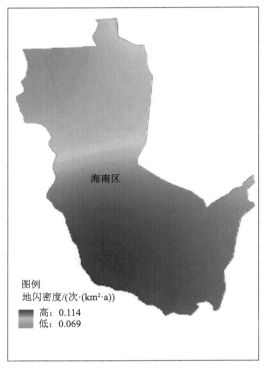

图 6.129　2014—2020 年海南区地闪密度空间分布

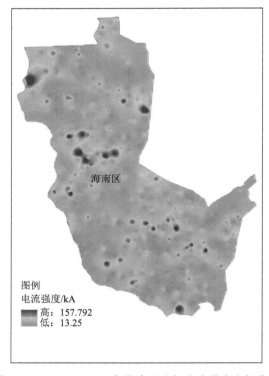

图 6.130　2014—2020 年海南区地闪电流强度空间分布

# 第 7 章　气象灾害设防指标

## 7.1　气象灾害设防指标计算方法

气象灾害重在预防。极端气候事件概率问题是探讨气象灾害规律的理论基础,也是城市规划、大型工程项目建设必须考虑的问题。工程上习惯用"重现期"表示概率的概念。重现期表示长时间内随机事件发生的平均周期,即平均多少年发生一次。当时间间隔固定时,所得的气象要素值就有强度意义;而对于特定的气象要素值,其对应的时间间隔具有频率意义。所以,分析特定要素的重现期兼具强度和频率的指示意义。

本章计算灾害设防气象指标采用皮尔逊Ⅲ型概率分布模型,计算工程所需的 2 a、5 a、10 a、20 a、30 a、50 a 以及 100 a 重现期参数。皮尔逊Ⅲ型概率分布密度函数为

$$f(x) = \frac{\beta(\alpha)}{\Gamma(\alpha)}(x-a_0)^{\alpha-1}e^{-\beta(x-a_0)} \tag{7.1}$$

式中:$\Gamma(\alpha)$ 为伽马函数;$\alpha$、$\beta$、$a_0$ 为皮尔逊Ⅲ型分布的三个参数。

## 7.2　气象灾害设防指标

### 7.2.1　暴雨指标

给乌海市带来灾害的暴雨主要包括短时暴雨和连续性暴雨,短时暴雨是引发城市内涝的主要因素之一,连续性暴雨是造成暴雨洪涝灾害的主要原因。短时暴雨强度指标对评价暴雨特征及其气候背景和提供防汛决策服务有实际应用价值;同时,也是城市排水管网设计的依据。持续降水强度指标是评价洪涝发生的客观指标,对防洪防汛工程设计具有重要参考价值。根据乌海市历年 10 min、30 min、60 min、120 min、24 h 等历时降雨的最大值,计算每种历时降水不同频率的强度为暴雨设防指标(图 7.1—图 7.5)。

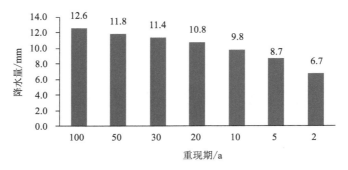

图 7.1　10 min 最大降水量各重现期分布

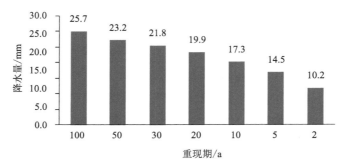

图 7.2　30 min 最大降水量各重现期分布

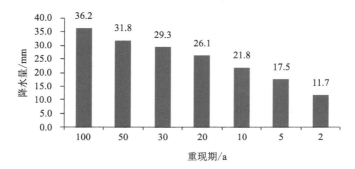

图 7.3　60 min 最大降水量各重现期分布

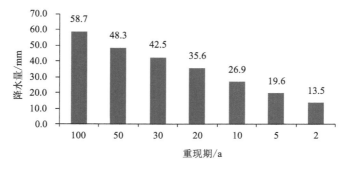

图 7.4　120 min 最大降水量各重现期分布

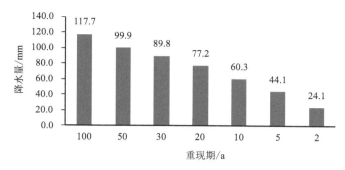

图 7.5　24 h 最大降水量各重现期分布

## 7.2.2　冰雹指标

根据乌海市气象观测站历年冰雹日数,计算各重现期下年冰雹日数设防指标,见图 7.6。

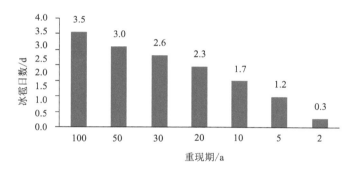

图 7.6　冰雹日数各重现期分布

## 7.2.3　大风指标

根据乌海市气象观测站历年最大风速资料,计算各重现期下最大风速设防指标,见图 7.7。

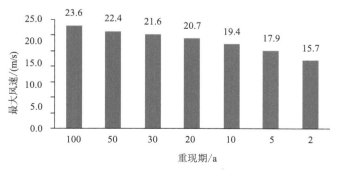

图 7.7　最大风速各重现期分布

129

### 7.2.4 高温指标

根据乌海市气象观测站历年极端最高气温资料,计算各重现期下极端最高气温设防指标,见图7.8。

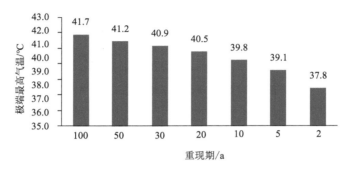

图7.8 极端最高气温各重现期分布

### 7.2.5 低温指标

根据乌海市气象观测站历年极端最低气温资料,计算各重现期下极端最低气温设防指标,见图7.9。

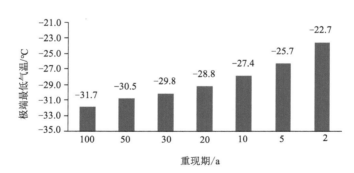

图7.9 极端最低气温各重现期分布

# 第8章 气象灾害情况

根据乌海市第一次全国自然灾害综合风险普查数据,对乌海市气象灾害进行分析,收集到乌海市共有 8 种气象灾害,分别为暴雨洪涝、干旱、大风、冰雹、低温、雷电、雪灾、沙尘暴,灾情数据时段为 2009—2020 年。依据灾情描述及天气现象伴随出现的情况,将大风、冰雹和沙尘暴灾害以及低温和雪灾合在一起进行统计,则灾害统计数据为 4 种,暴雨洪涝、干旱、风雹暴、低温冻害雪灾。

## 8.1 全市灾情数据分析

灾害性天气种类出现次数比例和直接经济损失比例见图 8.1 和图 8.2,暴雨洪涝灾害出现次数和直接经济损失均为最多,出现次数占比为 39.0%,而损失占 62.0%,可见暴雨洪涝造成的灾害严重。干旱出现的次数多,但造成的损失最少,低温冻害雪灾出现次数占比低于干旱,但造成的损失大于干旱,由此可知,一是灾害性天气出现的次数多,损失不一定重,二是乌海市最主要的气象灾害是暴雨洪涝,要引起关注,重点预防。

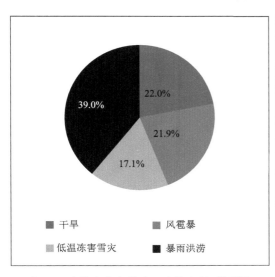

图 8.1 乌海市各灾种出现次数比例(附彩图)

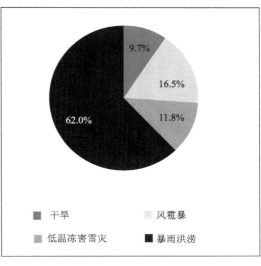

图 8.2 乌海市各灾种直接经济损失比例(附彩图)

## 8.2 三区灾情数据分析

### 8.2.1 灾害性天气分析

三区中,海南区气象灾害出现的次数最多,占比为 46.9%,其次是海勃湾区,乌达区最少(图 8.3);海南区因气象灾害造成的直接经济损失最重,占全市总损失的 42.4%,其次是海勃湾区,乌达区最轻(图 8.4)。三区中,气象灾害出现次数分布和直接经济损失分布一致,海南区气象灾害出现次数最多,损失最重,乌达区气象灾害出现次数最少,损失最轻。

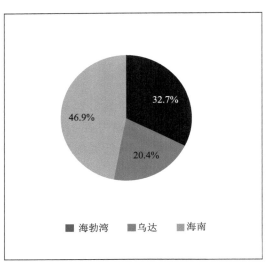

图 8.3 三区灾害出现次数比例

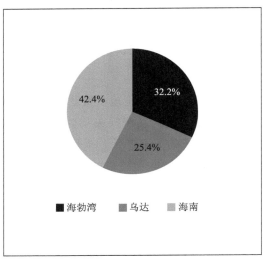

图 8.4 三区灾害直接经济损失比例

### 8.2.2 各灾种天气分析

#### 8.2.2.1 干旱

干旱灾害中,海南区出现次数最多,占比 54.5%,超过一半,其次是乌达区,海勃湾区最少(图 8.5);直接经济损失也是海南区最多,占比 51.6%,其次是乌达区,最少是海勃湾区(图 8.6)。灾害出现次数分布与经济损失分布一致,干旱对海南区影响最大。

#### 8.2.2.2 风雹暴

三区中,风雹暴天气出现次数海南区最多,乌达区最少(图 8.7);直接经济损失是海勃湾区最多,乌达区最少(图 8.8),由此可知,海南区风雹暴天气出现次数虽多,但造成的经济损失较少,风雹暴灾害对海勃湾区影响最大。

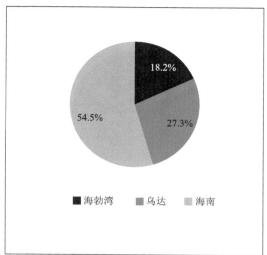

图 8.5 干旱灾害出现次数比例

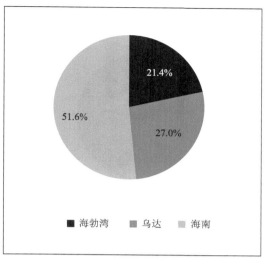

图 8.6 干旱灾害直接经济损失比例

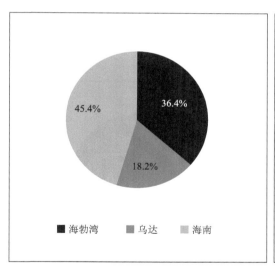

图 8.7 风雹暴灾害出现次数比例

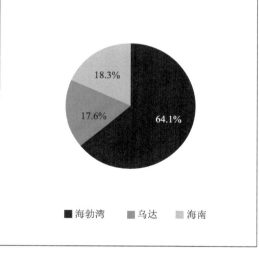

图 8.8 风雹暴灾害直接经济损失比例

#### 8.2.2.3 低温冻害雪灾

三区中,海勃湾区低温冻害雪灾出现次数最多,乌达区最少(图 8.9);低温冻害雪灾造成的经济损失是海南区最多,乌达区最少(图 8.10)。由此可知,虽然海勃湾区低温冻害雪灾天气出现次数多,但由此造成的经济损失只有海南区的一半左右,低温冻害雪灾对海南区影响最大。

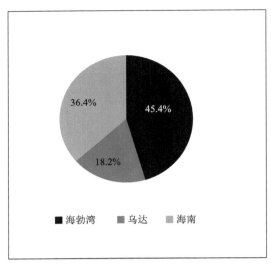 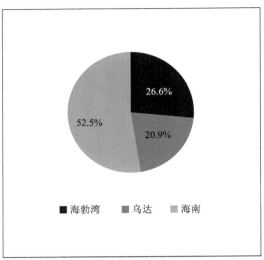

图 8.9  低温冻害雪灾出现次数比例          图 8.10 低温冻害雪灾直接经济损失比例

#### 8.2.2.4  暴雨洪涝

由图 8.11、图 8.12 可知,三区中,海南区暴雨洪涝灾害出现次数最多,损失也最重,乌达区出现次数最少,损失居中,由此可知,暴雨洪涝对海南区影响最重。

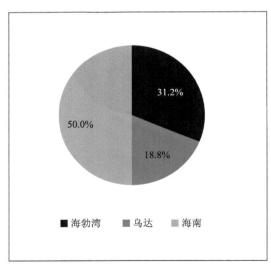 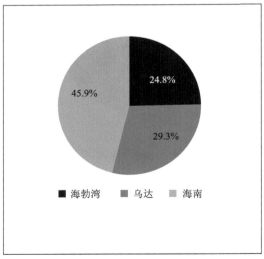

图 8.11  暴雨洪涝灾害出现次数比例          图 8.12  暴雨洪涝灾害直接经济损失比例

#### 8.2.2.5  小结

三区中,气象灾害造成的直接经济损失以海南区最重,其次是海勃湾区,最轻是乌达区;其中干旱和暴雨洪涝灾害都是海南区最重,其次是乌达区,海勃湾区最轻;风雹暴灾害是海勃湾区最重,其次是海南区,乌达区最轻;低温冻害雪灾是海南区最重,其次是海勃湾区,乌达区最轻。

## 8.2.3　三区各灾种情况

### 8.2.3.1　海勃湾区

由图 8.13、图 8.14 可知,海勃湾区各灾种出现次数和直接经济损失以暴雨洪涝最多,损失占比超过次数占比,可见平均单次暴雨洪涝造成的损失也高于其他气象灾害,干旱出现次数和损失均为最少。

由气象灾害造成的直接经济损失可知,海勃湾气象灾害的防御的重点是暴雨洪涝,其次是风雹暴。

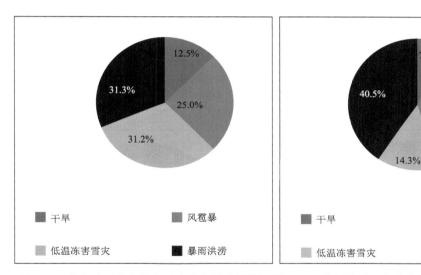

图 8.13　海勃湾区各灾种出现次数比例(附彩图)图 8.14　海勃湾区各灾种直接经济损失比例(附彩图)

### 8.2.3.2　乌达区

由图 8.15、图 8.16 可知,乌达区各灾种出现次数较均匀,干旱和暴雨洪涝出现比例均为 30.0%,低温冻害雪灾和风雹暴出现比例均为 20.0%;造成的经济损失以暴雨洪涝最重,为 60.8%,超过一半。

由气象灾害造成的直接经济损失可知,乌达区气象灾害防御的重点是暴雨洪涝,其次是低温冻害雪灾。

### 8.2.3.3　海南区

由图 8.17、图 8.18 可知,海南区以暴雨洪涝出现次数最多,直接经济损失最重,而且损失所占比例为 57.0%,远超次数占比;低温冻害雪灾出现次数最少,但直接经济损失第二多,干旱出现次数和直接经济损失都多于风雹暴天气。

由气象灾害造成的直接经济损失可知,海南区气象灾害防御的重点是暴雨洪涝,其次是低温冻害雪灾。

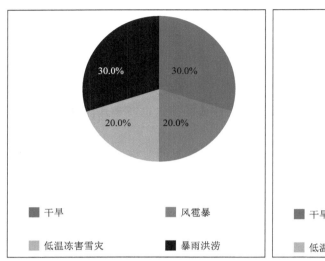

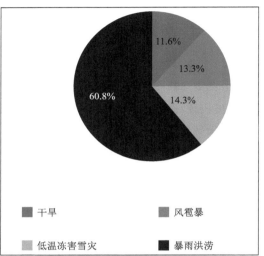

图 8.15　乌达区各灾种出现次数比例（附彩图）　图 8.16　乌达区各灾种直接经济损失比例（附彩图）

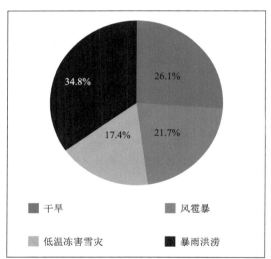

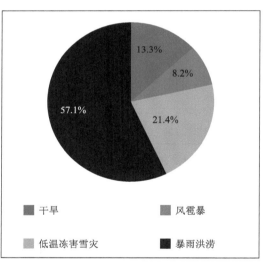

图 8.17　海南区各灾种出现次数比例（附彩图）　图 8.18　海南区各灾种直接经济损失比例（附彩图）

## 8.3　灾情总结及防御建议

　　乌海市因暴雨产生的直接灾害，是所有灾种中受灾面最广和最严重的。从历年受灾的情况看，三区中造成损失最重的均为暴雨洪涝灾害，总体上海南区是三区中气象灾害损失最重的。

　　结合乌海市 8 种气象灾害损失情况,下面提出各个气象灾害的防御建议。由于乌海市高温天气比较多,故在前面 8 种气象灾害的基础上增加高温的防御建议。

### 8.3.1　暴雨洪涝灾害

　　各行业各部门应该积极配合,做好暴雨洪涝灾害防御工作。气象部门应当严密监视天气变化,提高暴雨预报、预警的准确率和时效性,及时调整和解除暴雨预警;教育部门及时将暴雨预警信息通报辖区各幼儿园和学校,暂停室外教学活动,或停课;住房和城乡建设部门应当保障供水、供气、供热等市政公用设施的安全运行;民政部门应当设置避难场所和救济物资供应点,开展受灾群众救助工作,并按照规定职责核查灾情、发布灾情信息;电力、通信主管部门应当组织做好电力、通信应急保障工作;自然资源部门应当组织开展地质灾害监测、预防工作;农业主管部门应当组织开展农业抗灾救灾和农业生产技术指导工作;水利主管部门应当统筹协调主要河流、水库的水量调度,组织开展防汛抗旱工作;公安部门应当负责灾区的社会治安和道路交通秩序维护工作,协助组织灾区群众进行紧急转移。

### 8.3.2　干旱灾害

　　气象部门提升干旱监测预报能力,在乌海市干旱灾害危险性高等级区开展干旱预测,实现旱灾的监测预警服务;对出现旱情的地区进行调查,抓住有利天气形势适时开展人工增雨作业。农业、林业部门指导农户、林业生产单位合理选用耐旱作物或树种进行种植,调整作物种植结构,出现干旱时采取积极有效的管理和技术措施,减轻影响;加强监控,做好森林草原火灾预防和扑救准备工作;与气象部门共同推广节水灌溉技术,开展滴灌工程建设,采用集中灌水,提高水分利用率。

### 8.3.3　大风灾害

　　气象部门做好大风预报预警服务工作,及时发布大风天气实况和预警信息;设施农业需根据本地最大风压建设温室大棚。农作物种植区建立防风林,减轻风害,注意夏季强对流天气引发的雷暴大风造成农作物倒伏;住房和城乡建设部门应加强高空建筑作业管理,加固围板、棚架、广告牌等易被风吹动的搭建物,妥善安置易受大风影响的室外物品,遮盖建筑物资;交通、旅游、教育等部门应根据乌海市大风分布情况,建立大风灾害性天气停工停运停课预警机制,开展相应的应急联动工作。

### 8.3.4　冰雹灾害

　　气象部门加强监测预报,及时发布雷雨大风、冰雹预警信号及相关防御指引,适时加大预报时段密度,提高冰雹监测预报预警水平。农业部门掌握本地区冰雹的气候规律,合理安排作物种植结构;受害后,对能恢复生长的作物尽量抓紧时机中耕松土,破除土壤板结,提高地温,结合浇水灌溉和追施速效肥料,以促进作物迅速恢复生长。

### 8.3.5　高温灾害

根据乌海市高温气象灾害重点防御区域和高温危害分析,提出重点防御区的防御措施:气象部门要加强高温预报预警,通过多种渠道,及时向公众发布高温报告以及防御对策,适时进行人工增雨作业。各相关部门应做好供电、供水、防暑医药用品供应准备。房屋住宅等建筑设计应当充分考虑防暑设施,注意房屋通风。加强城市绿化建设,削弱热岛效应,减轻城市高温危害。农牧部门做好高温期的抗旱工作,农作物做好灌溉和覆盖遮阴等工作,持续晴热天气可能引起高温热害,需水时要及时灌水,确保水分供应。

### 8.3.6　低温灾害

农业种植户要选用耐寒性、生长期适宜的作物品种,掌握适宜播种期,发展设施农业,提高防御能力。陆空交通、电力、通信部门等对低温灾害敏感行业,需提高本行业抗灾能力,减轻低温天气对行业造成的影响。

### 8.3.7　雷电灾害

乌海市地闪密度整体呈南高北低的分布态势,海南区南部、海勃湾区东南部整体地闪密度较高,乌达区、海南区北部、海勃湾区北部稍低,三区交界处地闪密度最低。地闪电流强度较大区呈现散点分布,因此,也要注意雷电造成的感应雷击灾害。企事业单位应完善防雷设施,加强对现有雷电防护装置的日常维修维护。布设雷电监测预警信息接收系统,实现控制室声光报警,推送微信、短信报警信息。编制雷电灾害事故应急预案,建立健全应急机制,做好应急管理和处置。加强人员雷电防护安全培训。定期组织人员学习所属行业雷电防护相关标准规范,熟悉管辖范围内雷电防护装置的布设情况及主要设备的位置,掌握雷电防护装置的作用、性能及维护方法。

### 8.3.8　雪灾灾害

气象部门加强对雪灾预报的研究,做好雪灾天气的监测预报预警工作。气象、农牧、水利、自然资源、应急管理和道路交通等相关部门要加强应急联动,做好本单位恶劣天气应急预案,落实各项安全措施。

### 8.3.9　沙尘暴灾害

乌海市沙尘暴主要对人体健康有影响,建议气象部门做好沙尘暴天气的监测预报预警工作;卫生健康部门做好人体健康监测,开展沙尘暴对人体健康影响的研究;自然资源、园林部门合理规划树木及植被分布,合理有效改善下垫面状况。

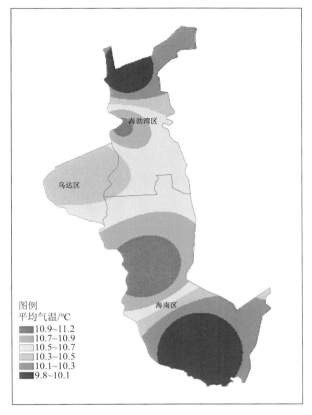

图 2.4　1961—2022 年乌海市平均气温空间分布

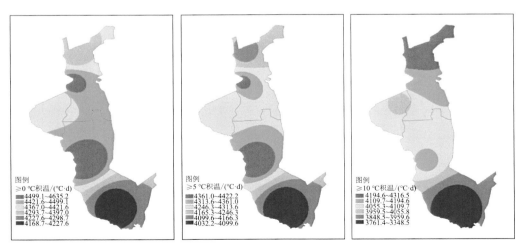

图 2.7　2016—2022 年乌海市稳定通过界限温度(≥0 ℃、≥5 ℃、≥10 ℃)积温空间分布

1

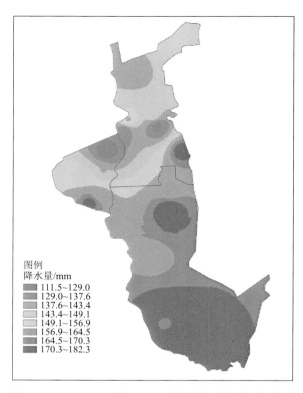

图 3.4 2016—2022 年 4—10 月乌海市降水量空间分布

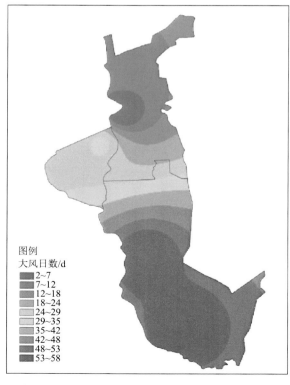

图 4.3 2016—2022 年乌海市年大风日数空间分布

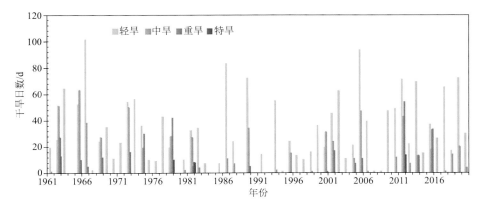

图 5.8　1961—2020 年乌海市历年各等级干旱日数

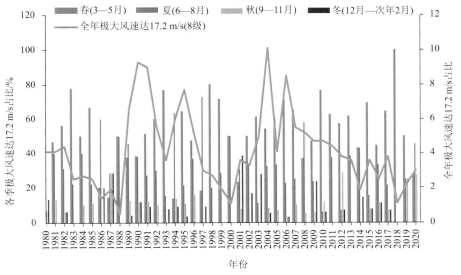

图 5.16　1980—2020 年乌海市各季和全年 17.2 m/s 以上大风日数占比

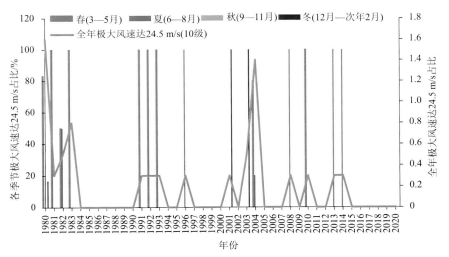

图 5.17　1980—2020 年乌海市各季和全年 24.5 m/s 以上大风日数占比

图 5.52 2014—2020 年乌海市地闪密度空间分布

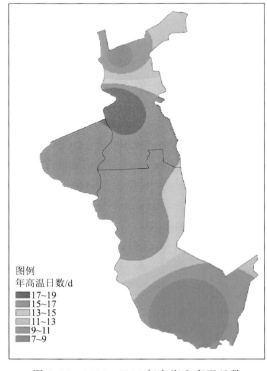

图 6.53 2016—2022 年乌海市高温日数

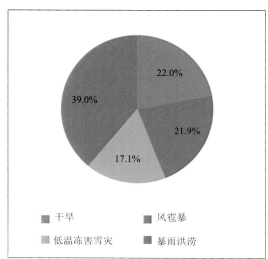

图 8.1　乌海市各灾种出现次数比例

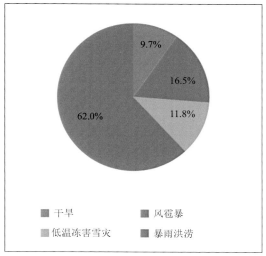

图 8.2　乌海市各灾种直接经济损失比例

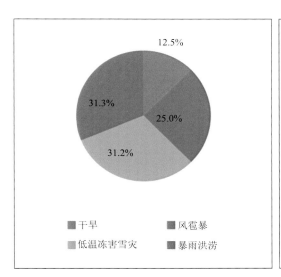

图 8.13　海勃湾区各灾种出现次数比例

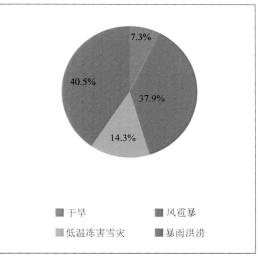

图 8.14　海勃湾区各灾种直接经济损失比例

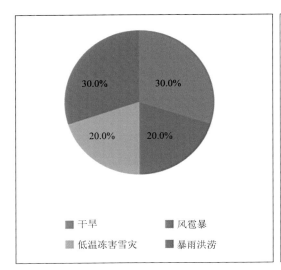

图 8.15　乌达区各灾种出现次数比例

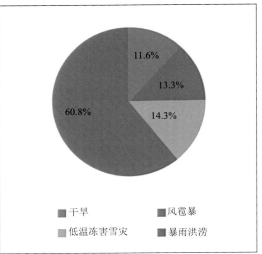

图 8.16　乌达区各灾种直接经济损失比例

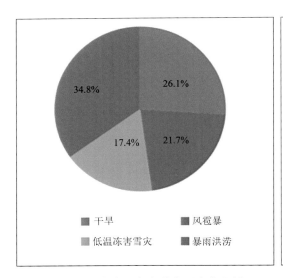

图 8.17　海南区各灾种出现次数比例

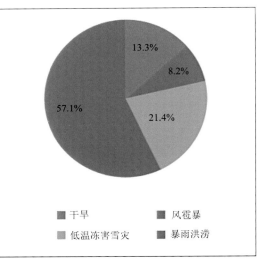

图 8.18　海南区各灾种直接经济损失比例

6